6年生 達成表 計算マスター

JN040982

ドリルが終わったら，番号のところに日付と点数を書いて，グラフ
80点を超えたら合格だ！まとめのページは全問正解で合格た

	日付	点数		50点	合格ライン 80点	100点	合格 チェック		日付	点数		50点	合格ライン 80点	100点	合格 チェック
例	4/2	90					○	47							
1								48							
2								49							
3								50							
4								51							
5								52							
6								53							
7								54		全問正解で合格！					
8								55							
9		全問正解で合格！						56							
10								57							
11								58							
12								59							
13								60							
14								61							
15								62							
16								63							
17								64							
18								65							
19								66							
20								67							
21								68							
22								69							
23								70							
24								71							
25								72							
26		全問正解で合格！						73							
27								74							
28								75							
29								76							
30								77		全問正解で合格！					
31		全問正解で合格！						78							
32								79							
33								80							
34								81							
35								82							
36								83							
37								84							
38								85							
39								86							
40								87							
41								88							
42								89							
43								90							
44								91							
45								92							
46								93		全問正解で合格！					

この表がうまったら，合格の数をかぞえて右に書こう。

合格の数

こ

80～93個 ▷ りっぱな計算マスターだ！

50～79個 ▷ もう少し！計算マスター見習いレベルだ！

0～49個 ▷ がんばろう！計算マスターへの道は1日にしてならずだ！

このドリルの特長と使い方

このドリルは,「苦手をつくらない」ことを目的としたドリルです。単元ごとに「計算のしくみを理解するページ」と「くりかえし練習するページ」をもうけて,段階的に計算のしかたを学ぶことができます。

① **理解**

計算のしくみを理解するためのページです。計算のしかたのヒントが載っていますので,これにそって計算のしかたを学習しましょう。

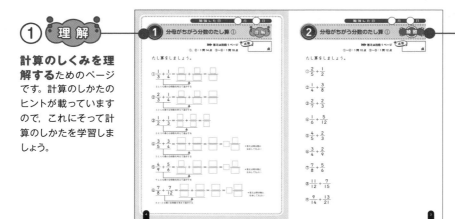

② **練習**

「理解」で学習したことを身につけるための練習ページです。「理解」で学習したことを思い出しながら計算していきましょう。

いっしょに使おう!

小学計算問題の正しい解き方

③ **ニガテ**

間違えやすい計算は,別に単元を設けています。こちらも「理解」→「練習」と段階をふんでいますので,重点的に学習することができます。

④ **計算マスターへの道!**

ページが終わるごとに,巻頭の「計算マスターへの道」に学習した日と得点をつけましょう。

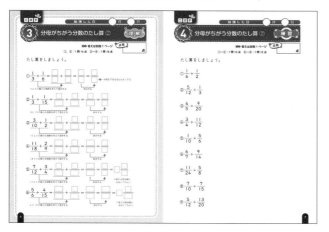

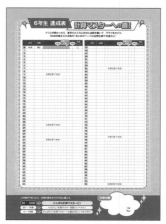

もくじ

分母がちがう分数のたし算① ・・・・・・・・・・・・・・ 4

[ニガテ] 分母がちがう分数のたし算② ・・・・・・・ 6

分母がちがう分数のひき算① ・・・・・・・・・・・・・・ 8

[ニガテ] 分母がちがう分数のひき算② ・・・・・・・ 10

★ 分母がちがう分数のたし算・ひき算のまとめ① ★ ・・・ 12

分母がちがう分数のたし算③ ・・・・・・・・・・・・・・ 13

[ニガテ] 分母がちがう分数のたし算④ ・・・・・・・ 15

分母がちがう分数のたし算⑤ ・・・・・・・・・・・・・・ 17

[ニガテ] 分母がちがう分数のたし算⑥ ・・・・・・・ 19

分母がちがう分数のひき算③ ・・・・・・・・・・・・・・ 21

[ニガテ] 分母がちがう分数のひき算④ ・・・・・・・ 23

分母がちがう分数のひき算⑤ ・・・・・・・・・・・・・・ 25

[ニガテ] 分母がちがう分数のひき算⑥ ・・・・・・・ 27

★ 分母がちがう分数のたし算・ひき算のまとめ② ★ ・・ 29

分数に整数をかける計算 ・・・・・・・・・・・・・・・・・ 30

分数を整数でわる計算 ・・・・・・・・・・・・・・・・・・ 32

★ 分数に整数をかける・分数を整数でわる計算のまとめ ★ ・・・ 34

分数に分数をかける計算① ・・・・・・・・・・・・・・・ 35

[ニガテ] 分数に分数をかける計算② ・・・・・・・・ 38

分数に分数をかける計算③ ・・・・・・・・・・・・・・・ 41

[ニガテ] 分数に分数をかける計算④ ・・・・・・・・ 44

整数に分数をかける計算① ・・・・・・・・・・・・・・・ 47

[ニガテ] 整数に分数をかける計算② ・・・・・・・・ 50

整数に分数をかける計算③ ・・・・・・・・・・・・・・・ 53

[ニガテ] 整数に分数をかける計算④ ・・・・・・・・ 55

★ 分数・整数に分数をかける計算のまとめ ★ ・・・・ 57

分数を分数でわる計算① ・・・・・・・・・・・・・・・・ 58

[ニガテ] 分数を分数でわる計算② ・・・・・・・・・・ 61

分数を分数でわる計算③ ・・・・・・・・・・・・・・・・ 64

[ニガテ] 分数を分数でわる計算④ ・・・・・・・・・・ 67

[ニガテ] 整数を分数でわる計算① ・・・・・・・・・・ 70

[ニガテ] 整数を分数でわる計算② ・・・・・・・・・・ 73

[ニガテ] 整数を分数でわる計算③ ・・・・・・・・・・ 76

[ニガテ] 整数を分数でわる計算④ ・・・・・・・・・・ 78

★ 分数・整数を分数でわる計算のまとめ ★ ・・ 80

[ニガテ] 3つの数の計算① ・・・・・・・・・・・・・・・ 81

[ニガテ] 3つの数の計算② ・・・・・・・・・・・・・・・ 84

[ニガテ] 3つの数の計算③ ・・・・・・・・・・・・・・・ 86

[ニガテ] 3つの数の計算④ ・・・・・・・・・・・・・・・ 89

[ニガテ] 分数と小数の混じった計算① ・・・・・・・ 92

[ニガテ] 分数と小数の混じった計算② ・・・・・・・ 94

★ いろいろな計算のまとめ ★ ・・・・・・・・・・・・ 96

編集協力／㈱アイ・イー・オー　　校正／下村良枝・山﨑真理　　装丁デザイン／株式会社 しろいろ

装丁イラスト／おおの麻里　　本文デザイン／ハイ制作室 若林千秋　　本文イラスト／西村博子

1　分母がちがう分数のたし算 ①　

▶▶▶ 答えは別冊 1 ページ　

①，②：1問 14 点　③〜⑥：1問 18 点

点

たし算をしましょう。

① $\dfrac{1}{3} + \dfrac{1}{4} = \dfrac{\Box}{\Box} + \dfrac{\Box}{\Box} = \dfrac{\Box}{\Box}$

3と4の最小公倍数を考えて通分する

② $\dfrac{2}{3} + \dfrac{1}{4} = \dfrac{\Box}{\Box} + \dfrac{\Box}{\Box} = \dfrac{\Box}{\Box}$

3と4の最小公倍数を考えて通分する

③ $\dfrac{1}{2} + \dfrac{1}{3} = \dfrac{\Box}{\Box} + \dfrac{\Box}{\Box} = \dfrac{\Box}{\Box}$

2と3の最小公倍数を考えて通分する

④ $\dfrac{3}{5} + \dfrac{3}{4} = \dfrac{\Box}{\Box} + \dfrac{\Box}{\Box} = \dfrac{\Box}{\Box} = \Box\dfrac{\Box}{\Box}$

＊答えは帯分数に
なおしてもよい

5と4の最小公倍数を考えて通分する

⑤ $\dfrac{4}{9} + \dfrac{5}{6} = \dfrac{\Box}{\Box} + \dfrac{\Box}{\Box} = \dfrac{\Box}{\Box} = \Box\dfrac{\Box}{\Box}$

＊答えは帯分数に
なおしてもよい

9と6の最小公倍数を考えて通分する

⑥ $\dfrac{7}{8} + \dfrac{7}{12} = \dfrac{\Box}{\Box} + \dfrac{\Box}{\Box} = \dfrac{\Box}{\Box} = \Box\dfrac{\Box}{\Box}$

＊答えは帯分数に
なおしてもよい

8と12の最小公倍数を考えて通分する

2 分母がちがう分数のたし算 ①  練 習

▶▶▶ 答えは別冊 1 ページ

① ～ ④：1 問 10 点　 ⑤ ～ ⑨：1 問 12 点

 点数

点

たし算をしましょう。

① $\dfrac{2}{5} + \dfrac{1}{2}$

② $\dfrac{1}{4} + \dfrac{3}{8}$

③ $\dfrac{2}{7} + \dfrac{2}{3}$

④ $\dfrac{1}{6} + \dfrac{5}{12}$

⑤ $\dfrac{4}{5} + \dfrac{2}{3}$

⑥ $\dfrac{3}{4} + \dfrac{2}{9}$

⑦ $\dfrac{7}{8} + \dfrac{5}{6}$

⑧ $\dfrac{11}{12} + \dfrac{7}{15}$

⑨ $\dfrac{9}{14} + \dfrac{13}{21}$

3 分母がちがう分数のたし算 ②

理 解

▶▶▶ 答えは別冊 1 ページ

①，②：1問 14点 ③〜⑥：1問 18点

点数

点

たし算をしましょう。

① $\dfrac{1}{3} + \dfrac{1}{6} = \dfrac{\square}{\square} + \dfrac{\square}{\square} = \dfrac{\square}{\square} = \dfrac{\square}{\square}$ ◀── 分母をできるだけ小さくする

3と6の最小公倍数を考えて通分する　　約分する

② $\dfrac{1}{3} + \dfrac{1}{15} = \dfrac{\square}{\square} + \dfrac{\square}{\square} = \dfrac{\square}{\square} = \dfrac{\square}{\square}$

3と15の最小公倍数を考えて通分する　　約分する

③ $\dfrac{3}{10} + \dfrac{1}{2} = \dfrac{\square}{\square} + \dfrac{\square}{\square} = \dfrac{\square}{\square} = \dfrac{\square}{\square}$

10と2の最小公倍数を考えて通分する　　約分する

④ $\dfrac{11}{18} + \dfrac{2}{9} = \dfrac{\square}{\square} + \dfrac{\square}{\square} = \dfrac{\square}{\square} = \dfrac{\square}{\square}$

18と9の最小公倍数を考えて通分する　　約分する

⑤ $\dfrac{7}{12} + \dfrac{3}{4} = \dfrac{\square}{\square} + \dfrac{\square}{\square} = \dfrac{\square}{\square} = \dfrac{\square}{\square} = \square\dfrac{\square}{\square}$

12と4の最小公倍数を考えて通分する　　約分する

＊答えは帯分数に
なおしてもよい

⑥ $\dfrac{5}{6} + \dfrac{4}{15} = \dfrac{\square}{\square} + \dfrac{\square}{\square} = \dfrac{\square}{\square} = \dfrac{\square}{\square} = \square\dfrac{\square}{\square}$

6と15の最小公倍数を考えて通分する　　約分する

＊答えは帯分数に
なおしてもよい

4 分母がちがう分数のたし算 ②

 練 習

▶▶▶ 答えは別冊 1 ページ

 点数

①〜④：1問 10 点　⑤〜⑨：1問 12 点

点

たし算をしましょう。

① $\dfrac{1}{6} + \dfrac{1}{2}$

② $\dfrac{5}{12} + \dfrac{1}{3}$

③ $\dfrac{4}{5} + \dfrac{9}{20}$

④ $\dfrac{3}{4} + \dfrac{11}{12}$

⑤ $\dfrac{1}{10} + \dfrac{5}{6}$

⑥ $\dfrac{6}{7} + \dfrac{9}{14}$

⑦ $\dfrac{11}{24} + \dfrac{5}{8}$

⑧ $\dfrac{7}{10} + \dfrac{7}{15}$

⑨ $\dfrac{5}{12} + \dfrac{13}{20}$

5 分母がちがう分数のひき算 ①

▶▶▶ 答えは別冊2ページ

①，②：1問14点　③〜⑥：1問18点

ひき算をしましょう。

① $\dfrac{2}{5} - \dfrac{1}{3} = \dfrac{\boxed{}}{\boxed{}} - \dfrac{\boxed{}}{\boxed{}} = \dfrac{\boxed{}}{\boxed{}}$

5と3の最小公倍数を考えて通分する

② $\dfrac{4}{5} - \dfrac{2}{3} = \dfrac{\boxed{}}{\boxed{}} - \dfrac{\boxed{}}{\boxed{}} = \dfrac{\boxed{}}{\boxed{}}$

5と3の最小公倍数を考えて通分する

③ $\dfrac{3}{4} - \dfrac{3}{8} = \dfrac{\boxed{}}{\boxed{}} - \dfrac{\boxed{}}{\boxed{}} = \dfrac{\boxed{}}{\boxed{}}$

4と8の最小公倍数を考えて通分する

④ $\dfrac{1}{2} - \dfrac{2}{9} = \dfrac{\boxed{}}{\boxed{}} - \dfrac{\boxed{}}{\boxed{}} = \dfrac{\boxed{}}{\boxed{}}$

2と9の最小公倍数を考えて通分する

⑤ $\dfrac{6}{7} - \dfrac{3}{4} = \dfrac{\boxed{}}{\boxed{}} - \dfrac{\boxed{}}{\boxed{}} = \dfrac{\boxed{}}{\boxed{}}$

7と4の最小公倍数を考えて通分する

⑥ $\dfrac{9}{10} - \dfrac{5}{8} = \dfrac{\boxed{}}{\boxed{}} - \dfrac{\boxed{}}{\boxed{}} = \dfrac{\boxed{}}{\boxed{}}$

10と8の最小公倍数を考えて通分する

分母がちがう分数のひき算 ①

▶▶▶ 答えは別冊2ページ

点

①～④：1問10点　⑤～⑨：1問12点

ひき算をしましょう。

① $\dfrac{1}{2} - \dfrac{1}{3}$

② $\dfrac{4}{5} - \dfrac{1}{10}$

③ $\dfrac{2}{3} - \dfrac{2}{9}$

④ $\dfrac{3}{4} - \dfrac{5}{8}$

⑤ $\dfrac{5}{7} - \dfrac{2}{3}$

⑥ $\dfrac{7}{8} - \dfrac{4}{5}$

⑦ $\dfrac{5}{6} - \dfrac{1}{4}$

⑧ $\dfrac{8}{9} - \dfrac{5}{12}$

⑨ $\dfrac{11}{15} - \dfrac{13}{18}$

7 分母がちがう分数のひき算 ② 理解

▶▶▶ 答えは別冊2ページ　★点数★

①, ②：1問14点　③〜⑥：1問18点　　　　　点

ひき算をしましょう。

① $\dfrac{3}{4} - \dfrac{1}{12} = \dfrac{\square}{\square} - \dfrac{\square}{\square} = \dfrac{\square}{\square} = \dfrac{\square}{\square}$　← 分母をできるだけ小さくする

4と12の最小公倍数を考えて通分する　　　約分する

② $\dfrac{5}{12} - \dfrac{1}{4} = \dfrac{\square}{\square} - \dfrac{\square}{\square} = \dfrac{\square}{\square} = \dfrac{\square}{\square}$

12と4の最小公倍数を考えて通分する　　　約分する

③ $\dfrac{4}{5} - \dfrac{3}{10} = \dfrac{\square}{\square} - \dfrac{\square}{\square} = \dfrac{\square}{\square} = \dfrac{\square}{\square}$

5と10の最小公倍数を考えて通分する　　　約分する

④ $\dfrac{2}{3} - \dfrac{4}{15} = \dfrac{\square}{\square} - \dfrac{\square}{\square} = \dfrac{\square}{\square} = \dfrac{\square}{\square}$

3と15の最小公倍数を考えて通分する　　　約分する

⑤ $\dfrac{13}{24} - \dfrac{1}{6} = \dfrac{\square}{\square} - \dfrac{\square}{\square} = \dfrac{\square}{\square} = \dfrac{\square}{\square}$

24と6の最小公倍数を考えて通分する　　　約分する

⑥ $\dfrac{11}{12} - \dfrac{7}{15} = \dfrac{\square}{\square} - \dfrac{\square}{\square} = \dfrac{\square}{\square} = \dfrac{\square}{\square}$

12と15の最小公倍数を考えて通分する　　　約分する

 8 分母がちがう分数のひき算 ② 練 習

▶▶▶ 答えは別冊2ページ

①～④：1問10点　⑤～⑨：1問12点

点

ひき算をしましょう。

① $\dfrac{1}{2} - \dfrac{1}{10}$

② $\dfrac{2}{3} - \dfrac{1}{6}$

③ $\dfrac{3}{4} - \dfrac{3}{20}$

④ $\dfrac{5}{6} - \dfrac{1}{12}$

⑤ $\dfrac{13}{14} - \dfrac{3}{7}$

⑥ $\dfrac{4}{5} - \dfrac{2}{15}$

⑦ $\dfrac{9}{10} - \dfrac{5}{6}$

⑧ $\dfrac{11}{13} - \dfrac{7}{39}$

⑨ $\dfrac{26}{35} - \dfrac{9}{14}$

9 ジグソーパズル

分母がちがう分数のたし算・ひき算のまとめ①

▶▶▶ 答えは別冊2ページ

次の計算をして，答えと同じところに色をぬりましょう。
しげみにかくれている動物は何かな。

$\frac{3}{8} + \frac{1}{4}$　　　　$\frac{2}{3} + \frac{5}{6}$　　　　$\frac{8}{9} - \frac{1}{6}$

$\frac{1}{2} - \frac{1}{3}$　　　　$\frac{11}{15} - \frac{2}{5}$　　　　$\frac{1}{4} + \frac{2}{3}$

$\frac{6}{7} - \frac{4}{5}$　　　　$\frac{1}{3} + \frac{5}{12}$　　　　$\frac{5}{6} - \frac{3}{10}$

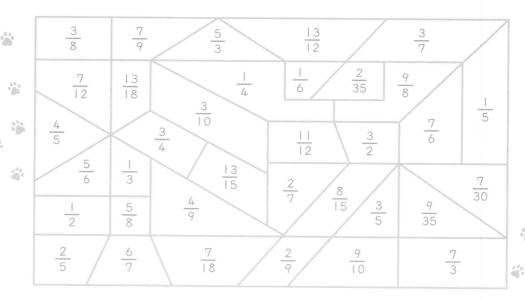

分母がちがう分数のたし算 ③

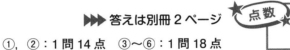 ▶▶▶ 答えは別冊2ページ

①, ②：1問 14点　③～⑥：1問 18点

| | | | 点 |

たし算をしましょう。

① $\dfrac{3}{2} + \dfrac{4}{3} = \dfrac{\square}{\square} + \dfrac{\square}{\square} = \dfrac{\square}{\square} = \square\dfrac{\square}{\square}$　＊答えは帯分数になおしてもよい

2と3の最小公倍数を考えて通分する

② $\dfrac{5}{3} + \dfrac{5}{2} = \dfrac{\square}{\square} + \dfrac{\square}{\square} = \dfrac{\square}{\square} = \square\dfrac{\square}{\square}$　＊答えは帯分数になおしてもよい

3と2の最小公倍数を考えて通分する

③ $\dfrac{7}{6} + \dfrac{5}{4} = \dfrac{\square}{\square} + \dfrac{\square}{\square} = \dfrac{\square}{\square} = \square\dfrac{\square}{\square}$　＊答えは帯分数になおしてもよい

6と4の最小公倍数を考えて通分する

④ $\dfrac{9}{8} + \dfrac{7}{2} = \dfrac{\square}{\square} + \dfrac{\square}{\square} = \dfrac{\square}{\square} = \square\dfrac{\square}{\square}$　＊答えは帯分数になおしてもよい

8と2の最小公倍数を考えて通分する

⑤ $\dfrac{7}{5} + \dfrac{10}{3} = \dfrac{\square}{\square} + \dfrac{\square}{\square} = \dfrac{\square}{\square} = \square\dfrac{\square}{\square}$　＊答えは帯分数になおしてもよい

5と3の最小公倍数を考えて通分する

⑥ $\dfrac{9}{4} + \dfrac{11}{10} = \dfrac{\square}{\square} + \dfrac{\square}{\square} = \dfrac{\square}{\square} = \square\dfrac{\square}{\square}$　＊答えは帯分数になおしてもよい

4と10の最小公倍数を考えて通分する

分母がちがう分数のたし算 ③

▶▶▶ 答えは別冊3ページ

①〜④：1問10点　⑤〜⑨：1問12点

点

たし算をしましょう。

① $\dfrac{4}{3} + \dfrac{5}{4}$

② $\dfrac{11}{10} + \dfrac{6}{5}$

③ $\dfrac{8}{7} + \dfrac{5}{2}$

④ $\dfrac{7}{4} + \dfrac{9}{8}$

⑤ $\dfrac{5}{3} + \dfrac{11}{10}$

⑥ $\dfrac{7}{6} + \dfrac{13}{9}$

⑦ $\dfrac{8}{5} + \dfrac{9}{4}$

⑧ $\dfrac{11}{8} + \dfrac{11}{6}$

⑨ $\dfrac{10}{9} + \dfrac{13}{12}$

12 分母がちがう分数のたし算 ④

理 解

▶▶▶ 答えは別冊３ページ

①，②：１問 14 点　③〜⑥：１問 18 点

点

たし算をしましょう。

① $\dfrac{7}{6} + \dfrac{3}{2} = \dfrac{\square}{\square} + \dfrac{\square}{\square} = \dfrac{\square}{\square} = \dfrac{\square}{\square} = \square\dfrac{\square}{\square}$

*答えは帯分数に
なおしてもよい

6と2の最小公倍数を考えて通分する　　約分する

② $\dfrac{5}{2} + \dfrac{11}{6} = \dfrac{\square}{\square} + \dfrac{\square}{\square} = \dfrac{\square}{\square} = \dfrac{\square}{\square} = \square\dfrac{\square}{\square}$

*答えは帯分
数になおし
てもよい

2と6の最小公倍数を考えて通分する　　約分する

③ $\dfrac{5}{3} + \dfrac{13}{12} = \dfrac{\square}{\square} + \dfrac{\square}{\square} = \dfrac{\square}{\square} = \dfrac{\square}{\square} = \square\dfrac{\square}{\square}$

*答えは帯分
数になおし
てもよい

3と12の最小公倍数を考えて通分する　　約分する

④ $\dfrac{16}{15} + \dfrac{8}{5} = \dfrac{\square}{\square} + \dfrac{\square}{\square} = \dfrac{\square}{\square} = \dfrac{\square}{\square} = \square\dfrac{\square}{\square}$

*答えは帯分
数になおし
てもよい

15と5の最小公倍数を考えて通分する　　約分する

⑤ $\dfrac{7}{2} + \dfrac{17}{14} = \dfrac{\square}{\square} + \dfrac{\square}{\square} = \dfrac{\square}{\square} = \dfrac{\square}{\square} = \square\dfrac{\square}{\square}$

*答えは帯分
数になおし
てもよい

2と14の最小公倍数を考えて通分する　　約分する

⑥ $\dfrac{11}{10} + \dfrac{16}{15} = \dfrac{\square}{\square} + \dfrac{\square}{\square} = \dfrac{\square}{\square} = \dfrac{\square}{\square} = \square\dfrac{\square}{\square}$

*答えは帯
分数にな
おしても
よい

10と15の最小公倍数を考えて通分する　　約分する

 答えは別冊3ページ

点数

①～④：1問10点　⑤～⑨：1問12点

点

たし算をしましょう。

① $\dfrac{5}{4} + \dfrac{13}{12}$

② $\dfrac{7}{6} + \dfrac{7}{3}$

③ $\dfrac{13}{10} + \dfrac{5}{2}$

④ $\dfrac{6}{5} + \dfrac{21}{20}$

⑤ $\dfrac{19}{12} + \dfrac{11}{3}$

⑥ $\dfrac{13}{8} + \dfrac{25}{24}$

⑦ $\dfrac{13}{12} + \dfrac{7}{6}$

⑧ $\dfrac{9}{7} + \dfrac{22}{21}$

⑨ $\dfrac{21}{20} + \dfrac{7}{4}$

14 分母がちがう分数のたし算 ⑤ 理 解

▶▶▶ 答えは別冊 3 ページ ★点数★

①，②：1問20点　③，④：1問30点

点

たし算をしましょう。

①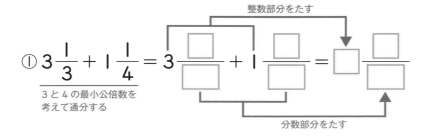
$$3\dfrac{1}{3} + 1\dfrac{1}{4} = $$
3と4の最小公倍数を考えて通分する

②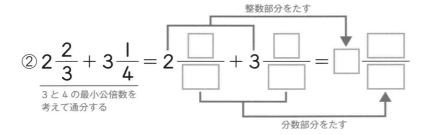
$$2\dfrac{2}{3} + 3\dfrac{1}{4} = $$
3と4の最小公倍数を考えて通分する

③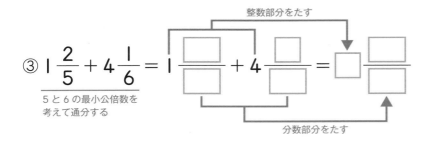
$$1\dfrac{2}{5} + 4\dfrac{1}{6} = $$
5と6の最小公倍数を考えて通分する

④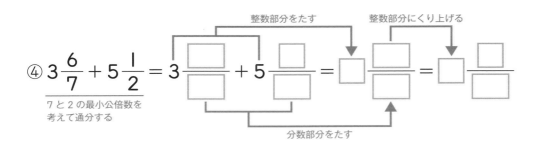
$$3\dfrac{6}{7} + 5\dfrac{1}{2} = $$
7と2の最小公倍数を考えて通分する

分母がちがう分数のたし算 ⑤

▶▶▶ 答えは別冊 3 ページ

①〜④：1問10点　⑤〜⑨：1問12点

点

たし算をしましょう。

① $1\dfrac{1}{2} + 2\dfrac{1}{3}$

② $2\dfrac{1}{5} + 2\dfrac{3}{4}$

③ $3\dfrac{2}{3} + 1\dfrac{1}{6}$

④ $2\dfrac{3}{8} + 3\dfrac{1}{2}$

⑤ $4\dfrac{5}{7} + 2\dfrac{3}{4}$

⑥ $1\dfrac{7}{9} + 2\dfrac{5}{6}$

⑦ $2\dfrac{3}{4} + 3\dfrac{9}{10}$

⑧ $3\dfrac{7}{8} + 1\dfrac{11}{12}$

⑨ $4\dfrac{8}{15} + 3\dfrac{5}{9}$

16 分母がちがう分数のたし算 ⑥  理解

▶▶▶ 答えは別冊 3 ページ　★点数★　　　　　　点

① , ② : 1 問 20 点　③ , ④ : 1 問 30 点

たし算をしましょう。

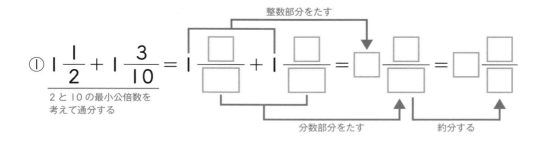

① $1\dfrac{1}{2} + 1\dfrac{3}{10} =$

2と10の最小公倍数を考えて通分する

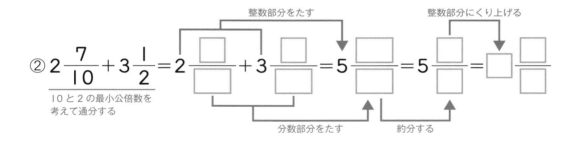

② $2\dfrac{7}{10} + 3\dfrac{1}{2} =$

10と2の最小公倍数を考えて通分する

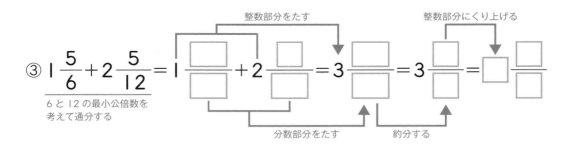

③ $1\dfrac{5}{6} + 2\dfrac{5}{12} =$

6と12の最小公倍数を考えて通分する

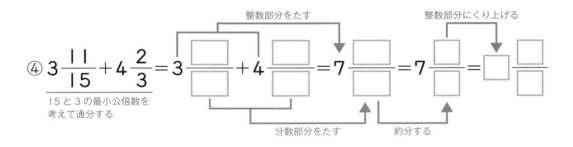

④ $3\dfrac{11}{15} + 4\dfrac{2}{3} =$

15と3の最小公倍数を考えて通分する

17 分母がちがう分数のたし算⑥

▶▶▶ 答えは別冊 4 ページ

点数

①～④：1問10点　⑤～⑨：1問12点

点

たし算をしましょう。

① $2\dfrac{1}{4} + 3\dfrac{1}{12}$

② $1\dfrac{1}{2} + 2\dfrac{3}{14}$

③ $3\dfrac{2}{5} + 3\dfrac{1}{10}$

④ $1\dfrac{7}{18} + 1\dfrac{4}{9}$

⑤ $2\dfrac{5}{6} + 1\dfrac{2}{3}$

⑥ $3\dfrac{13}{20} + 4\dfrac{3}{4}$

⑦ $2\dfrac{6}{7} + 2\dfrac{25}{28}$

⑧ $5\dfrac{3}{10} + 1\dfrac{19}{20}$

⑨ $2\dfrac{13}{15} + 4\dfrac{5}{6}$

18 分母がちがう分数のひき算 ③

▶▶▶ 答えは別冊 4 ページ

点数

点

①，②：1問 14 点　③〜⑥：1問 18 点

ひき算をしましょう。

① $\dfrac{5}{2} - \dfrac{7}{3} = \dfrac{\square}{\square} - \dfrac{\square}{\square} = \dfrac{\square}{\square}$

2と3の最小公倍数を考えて通分する

② $\dfrac{7}{2} - \dfrac{8}{3} = \dfrac{\square}{\square} - \dfrac{\square}{\square} = \dfrac{\square}{\square}$

2と3の最小公倍数を考えて通分する

③ $\dfrac{8}{5} - \dfrac{5}{4} = \dfrac{\square}{\square} - \dfrac{\square}{\square} = \dfrac{\square}{\square}$

5と4の最小公倍数を考えて通分する

④ $\dfrac{7}{6} - \dfrac{9}{8} = \dfrac{\square}{\square} - \dfrac{\square}{\square} = \dfrac{\square}{\square}$

6と8の最小公倍数を考えて通分する

⑤ $\dfrac{10}{3} - \dfrac{5}{4} = \dfrac{\square}{\square} - \dfrac{\square}{\square} = \dfrac{\square}{\square} = \square\dfrac{\square}{\square}$

＊答えは帯分数に
なおしてもよい

3と4の最小公倍数を考えて通分する

⑥ $\dfrac{12}{5} - \dfrac{4}{3} = \dfrac{\square}{\square} - \dfrac{\square}{\square} = \dfrac{\square}{\square} = \square\dfrac{\square}{\square}$

＊答えは帯分数に
なおしてもよい

5と3の最小公倍数を考えて通分する

19 分母がちがう分数のひき算 ③

▶▶▶ 答えは別冊 4 ページ

点

①〜④：1問 10 点　⑤〜⑨：1問 12 点

ひき算をしましょう。

① $\dfrac{4}{3} - \dfrac{6}{5}$

② $\dfrac{5}{2} - \dfrac{9}{8}$

③ $\dfrac{7}{4} - \dfrac{8}{5}$

④ $\dfrac{8}{3} - \dfrac{10}{9}$

⑤ $\dfrac{11}{5} - \dfrac{7}{4}$

⑥ $\dfrac{15}{8} - \dfrac{7}{6}$

⑦ $\dfrac{20}{9} - \dfrac{5}{4}$

⑧ $\dfrac{24}{7} - \dfrac{17}{14}$

⑨ $\dfrac{13}{10} - \dfrac{16}{15}$

20 分母がちがう分数のひき算 ④

 理 解

▶▶▶ 答えは別冊4ページ　★点数★　　　　点

①, ②：1問14点　③〜⑥：1問18点

ひき算をしましょう。

① $\dfrac{3}{2} - \dfrac{7}{6} = \dfrac{\square}{\square} - \dfrac{\square}{\square} = \dfrac{\square}{\square} = \dfrac{\square}{\square}$

2と6の最小公倍数を考えて通分する　　約分する

② $\dfrac{5}{2} - \dfrac{11}{6} = \dfrac{\square}{\square} - \dfrac{\square}{\square} = \dfrac{\square}{\square} = \dfrac{\square}{\square}$

2と6の最小公倍数を考えて通分する　　約分する

③ $\dfrac{8}{5} - \dfrac{11}{10} = \dfrac{\square}{\square} - \dfrac{\square}{\square} = \dfrac{\square}{\square} = \dfrac{\square}{\square}$

5と10の最小公倍数を考えて通分する　　約分する

④ $\dfrac{13}{4} - \dfrac{17}{12} = \dfrac{\square}{\square} - \dfrac{\square}{\square} = \dfrac{\square}{\square} = \dfrac{\square}{\square} = \square\dfrac{\square}{\square}$

4と12の最小公倍数を考えて通分する　　約分する　　＊答えは帯分数に
なおしてもよい

⑤ $\dfrac{11}{6} - \dfrac{13}{10} = \dfrac{\square}{\square} - \dfrac{\square}{\square} = \dfrac{\square}{\square} = \dfrac{\square}{\square}$

6と10の最小公倍数を考えて通分する　　約分する

⑥ $\dfrac{8}{3} - \dfrac{17}{12} = \dfrac{\square}{\square} - \dfrac{\square}{\square} = \dfrac{\square}{\square} = \dfrac{\square}{\square} = \square\dfrac{\square}{\square}$

3と12の最小公倍数を考えて通分する　　約分する　　＊答えは帯分数に
なおしてもよい

21 分母がちがう分数のひき算④

▶▶▶ 答えは別冊4ページ

①～④：1問10点　⑤～⑨：1問12点

点

ひき算をしましょう。

① $\dfrac{4}{3} - \dfrac{17}{15}$

② $\dfrac{13}{8} - \dfrac{25}{24}$

③ $\dfrac{15}{7} - \dfrac{23}{14}$

④ $\dfrac{18}{5} - \dfrac{21}{10}$

⑤ $\dfrac{19}{10} - \dfrac{7}{6}$

⑥ $\dfrac{17}{12} - \dfrac{5}{4}$

⑦ $\dfrac{20}{9} - \dfrac{19}{18}$

⑧ $\dfrac{22}{15} - \dfrac{7}{6}$

⑨ $\dfrac{9}{4} - \dfrac{27}{20}$

22 分母がちがう分数のひき算 ⑤

理 解

▶▶▶ 答えは別冊 4 ページ

点数

点

①，②：1問 20 点　③，④：1問 30 点

ひき算をしましょう。

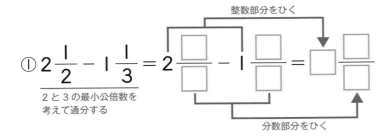

整数部分をひく

① $2\dfrac{1}{2} - 1\dfrac{1}{3} = 2\dfrac{\square}{\square} - 1\dfrac{\square}{\square} = \square\dfrac{\square}{\square}$

2と3の最小公倍数を
考えて通分する

分数部分をひく

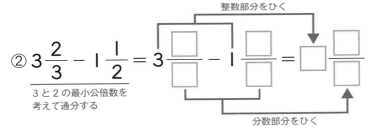

整数部分をひく

② $3\dfrac{2}{3} - 1\dfrac{1}{2} = 3\dfrac{\square}{\square} - 1\dfrac{\square}{\square} = \square\dfrac{\square}{\square}$

3と2の最小公倍数を
考えて通分する

分数部分をひく

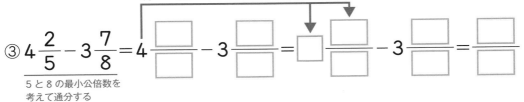

$\dfrac{16}{40}$ から $\dfrac{35}{40}$ はひけないので，整数部分から1くり下げる

③ $4\dfrac{2}{5} - 3\dfrac{7}{8} = 4\dfrac{\square}{\square} - 3\dfrac{\square}{\square} = \square\dfrac{\square}{\square} - 3\dfrac{\square}{\square} = \dfrac{\square}{\square}$

5と8の最小公倍数を
考えて通分する

$\dfrac{3}{18}$ から $\dfrac{8}{18}$ はひけないので，整数部分から1くり下げる

④ $5\dfrac{1}{6} - 2\dfrac{4}{9} = 5\dfrac{\square}{\square} - 2\dfrac{\square}{\square} = \square\dfrac{\square}{\square} - 2\dfrac{\square}{\square}$

6と9の最小公倍数を
考えて通分する

$= \square\dfrac{\square}{\square}$

 分母がちがう分数のひき算⑤

▶▶▶ **答えは別冊5ページ**

①～④：1問10点　⑤～⑨：1問12点

点

ひき算をしましょう。

① $3\dfrac{4}{5} - 1\dfrac{1}{2}$

② $4\dfrac{2}{3} - 3\dfrac{1}{5}$

③ $3\dfrac{7}{9} - 1\dfrac{2}{3}$

④ $2\dfrac{7}{8} - 2\dfrac{1}{6}$

⑤ $5\dfrac{3}{4} - 3\dfrac{7}{8}$

⑥ $4\dfrac{1}{4} - 2\dfrac{2}{3}$

⑦ $5\dfrac{2}{9} - 4\dfrac{5}{6}$

⑧ $6\dfrac{3}{10} - 3\dfrac{3}{4}$

⑨ $5\dfrac{4}{15} - 4\dfrac{7}{9}$

24 分母がちがう分数のひき算⑥

▶▶▶ 答えは別冊5ページ

①，②：1問20点　③，④：1問30点

点

ひき算をしましょう。

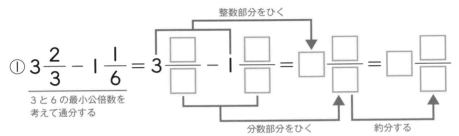

① $3\frac{2}{3} - 1\frac{1}{6} = 3\frac{\square}{\square} - 1\frac{\square}{\square} = \square\frac{\square}{\square} = \square\frac{\square}{\square}$

3と6の最小公倍数を
考えて通分する

整数部分をひく
分数部分をひく
約分する

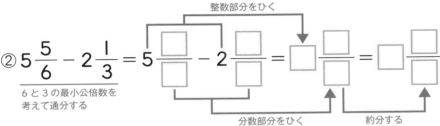

② $5\frac{5}{6} - 2\frac{1}{3} = 5\frac{\square}{\square} - 2\frac{\square}{\square} = \square\frac{\square}{\square} = \square\frac{\square}{\square}$

6と3の最小公倍数を
考えて通分する

整数部分をひく
分数部分をひく
約分する

$\frac{3}{12}$ から $\frac{5}{12}$ はひけないので，整数部分から1くり下げる

③ $4\frac{1}{4} - 1\frac{5}{12} = 4\frac{\square}{\square} - 1\frac{\square}{\square} = \square\frac{\square}{\square} - 1\frac{\square}{\square}$

4と12の最小公倍数を
考えて通分する

$= \square\frac{\square}{\square} = \square\frac{\square}{\square}$

約分する

$\frac{4}{15}$ から $\frac{10}{15}$ はひけないので，整数部分から1くり下げる

④ $5\frac{4}{15} - 4\frac{2}{3} = 5\frac{\square}{\square} - 4\frac{\square}{\square} = \square\frac{\square}{\square} - 4\frac{\square}{\square}$

15と3の最小公倍数を
考えて通分する

$= \frac{\square}{\square} = \frac{\square}{\square}$

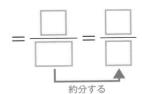

約分する

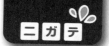

25 分母がちがう分数のひき算⑥

練 習

▶▶▶ 答えは別冊5ページ

点数

点

①～④：1問10点　⑤～⑨：1問12点

ひき算をしましょう。

① $2\dfrac{3}{4} - 1\dfrac{7}{12}$

② $3\dfrac{4}{5} - 1\dfrac{3}{10}$

③ $4\dfrac{6}{7} - 2\dfrac{5}{14}$

④ $5\dfrac{17}{18} - 3\dfrac{5}{6}$

⑤ $4\dfrac{1}{6} - 2\dfrac{1}{2}$

⑥ $2\dfrac{3}{10} - 1\dfrac{5}{6}$

⑦ $3\dfrac{1}{6} - 1\dfrac{5}{18}$

⑧ $5\dfrac{8}{15} - 3\dfrac{5}{6}$

⑨ $6\dfrac{3}{10} - 2\dfrac{7}{15}$

26 分母がちがう分数のたし算・ひき算のまとめ②
魚つり

▶▶▶ 答えは別冊5ページ

計算をして，式と答えを線でつなぎましょう。
どんな魚がつれるかな。

$3\dfrac{2}{9}$　　$1\dfrac{1}{12}$　　$2\dfrac{7}{10}$　　$2\dfrac{5}{6}$

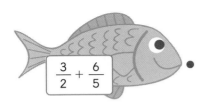

$\dfrac{3}{2}+\dfrac{6}{5}$

$\dfrac{7}{3}-\dfrac{5}{4}$

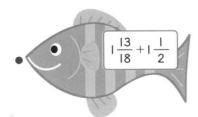

$1\dfrac{13}{18}+1\dfrac{1}{2}$

$4\dfrac{1}{4}-1\dfrac{5}{12}$

27 分数に整数をかける計算 〔理解〕

▶▶▶ 答えは別冊5ページ

点数　　　　点

1問20点

かけ算をしましょう。

① $\dfrac{2}{7} \times 3 = \dfrac{\square \times \square}{\square} = \dfrac{\square}{\square}$

分母はそのままで，分子に整数（かける数）をかける

② $\dfrac{1}{8} \times 3 = \dfrac{\square \times \square}{\square} = \dfrac{\square}{\square}$

分母はそのままで，分子に整数（かける数）をかける

③ $\dfrac{3}{4} \times 5 = \dfrac{\square \times \square}{\square} = \dfrac{\square}{\square} = \square\dfrac{\square}{\square}$

分母はそのままで，分子に整数（かける数）をかける

＊答えは帯分数になおしてもよい

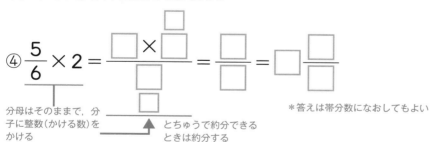

分母はそのままで，分子に整数（かける数）をかける　とちゅうで約分できるときは約分する

＊答えは帯分数になおしてもよい

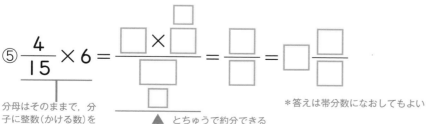

分母はそのままで，分子に整数（かける数）をかける　とちゅうで約分できるときは約分する

＊答えは帯分数になおしてもよい

28 分数に整数をかける計算

▶▶▶ 答えは別冊6ページ

①〜④：1問10点　⑤〜⑨：1問12点

点

かけ算をしましょう。

① $\dfrac{1}{6} \times 5$

② $\dfrac{2}{9} \times 4$

③ $\dfrac{4}{7} \times 2$

④ $\dfrac{8}{5} \times 3$

⑤ $\dfrac{2}{9} \times 6$

⑥ $\dfrac{5}{6} \times 4$

⑦ $\dfrac{7}{8} \times 2$

⑧ $\dfrac{3}{10} \times 5$

⑨ $\dfrac{7}{12} \times 8$

29 分数を整数でわる計算

▶▶▶ 答えは別冊6ページ

点数

点

1問20点

わり算をしましょう。

① $\dfrac{4}{5} \div 3 = \dfrac{\square}{\square \times \square} = \dfrac{\square}{\square}$

分子はそのままで，分母に整数（わる数）をかける

② $\dfrac{7}{9} \div 3 = \dfrac{\square}{\square \times \square} = \dfrac{\square}{\square}$

分子はそのままで，分母に整数（わる数）をかける

③ $\dfrac{5}{7} \div 8 = \dfrac{\square}{\square \times \square} = \dfrac{\square}{\square}$

分子はそのままで，分母に整数（わる数）をかける

④ $\dfrac{4}{3} \div 2 = \dfrac{\dfrac{\square}{\square}}{\square \times \square} = \dfrac{\square}{\square}$

分子はそのままで，分母に整数（わる数）をかける

とちゅうで約分できるときは約分する

⑤ $\dfrac{9}{2} \div 6 = \dfrac{\dfrac{\square}{\square}}{\square \times \square} = \dfrac{\square}{\square}$

分子はそのままで，分母に整数（わる数）をかける

とちゅうで約分できるときは約分する

30 分数を整数でわる計算

▶▶▶ 答えは別冊6ページ

①～④：1問10点　⑤～⑨：1問12点

点

わり算をしましょう。

① $\dfrac{2}{5} \div 3$

② $\dfrac{3}{8} \div 4$

③ $\dfrac{2}{9} \div 7$

④ $\dfrac{7}{4} \div 5$

⑤ $\dfrac{5}{6} \div 10$

⑥ $\dfrac{6}{7} \div 2$

⑦ $\dfrac{8}{9} \div 4$

⑧ $\dfrac{12}{5} \div 9$

⑨ $\dfrac{9}{4} \div 6$

31 分数計算の部屋

分数に整数をかける・分数を整数でわる計算のまとめ

▶▶ 答えは別冊6ページ

答えが大きいほうに進んで，
とれるくだものに○をつけましょう。

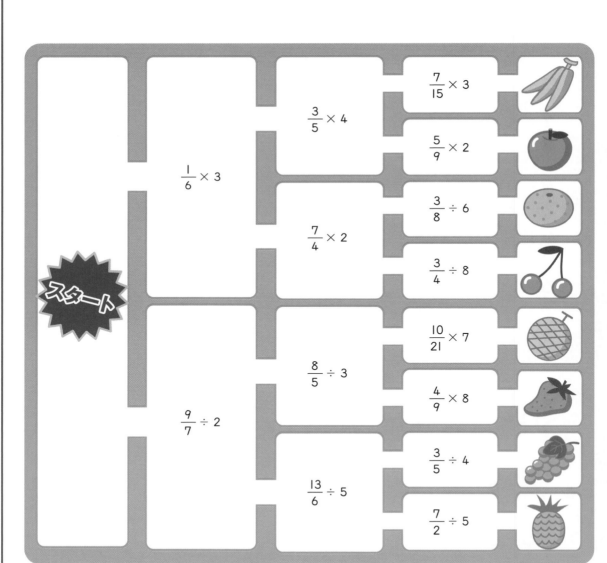

32 ## 分数に分数をかける計算 ①　　 理 解

▶▶▶ **答えは別冊6ページ**  点数　　　　　　　点

①，②：1問14点　③〜⑥：1問18点

かけ算をしましょう。

① $\dfrac{1}{3} \times \dfrac{2}{5} = \dfrac{\square \times \square}{\square \times \square} = \dfrac{\square}{\square}$

分母どうし，分子どうしをかける

② $\dfrac{6}{7} \times \dfrac{2}{5} = \dfrac{\square \times \square}{\square \times \square} = \dfrac{\square}{\square}$

分母どうし，分子どうしをかける

③ $\dfrac{3}{4} \times \dfrac{5}{7} = \dfrac{\square \times \square}{\square \times \square} = \dfrac{\square}{\square}$

分母どうし，分子どうしをかける

④ $\dfrac{10}{9} \times \dfrac{2}{3} = \dfrac{\square \times \square}{\square \times \square} = \dfrac{\square}{\square}$

分母どうし，分子どうしをかける

⑤ $\dfrac{5}{4} \times \dfrac{5}{12} = \dfrac{\square \times \square}{\square \times \square} = \dfrac{\square}{\square}$

分母どうし，分子どうしをかける

⑥ $\dfrac{3}{2} \times \dfrac{9}{8} = \dfrac{\square \times \square}{\square \times \square} = \dfrac{\square}{\square} = \square\dfrac{\square}{\square}$

＊答えは帯分数にな
　おしてもよい

分母どうし，分子どうしをかける

分数に分数をかける計算 ①

▶▶▶ 答えは別冊 7 ページ

点

①〜④：1問 10 点　　⑤〜⑨：1問 12 点

かけ算をしましょう。

① $\dfrac{1}{2} \times \dfrac{3}{4}$

② $\dfrac{1}{5} \times \dfrac{1}{6}$

③ $\dfrac{4}{7} \times \dfrac{5}{9}$

④ $\dfrac{3}{8} \times \dfrac{3}{5}$

⑤ $\dfrac{7}{9} \times \dfrac{1}{4}$

⑥ $\dfrac{6}{5} \times \dfrac{3}{7}$

⑦ $\dfrac{3}{8} \times \dfrac{5}{2}$

⑧ $\dfrac{7}{3} \times \dfrac{7}{10}$

⑨ $\dfrac{8}{7} \times \dfrac{5}{3}$

34 分数に分数をかける計算 ①　 練習

▶▶▶ **答えは別冊7ページ**

①〜④：1問10点　⑤〜⑨：1問12点

点数　　　　　　　　点

かけ算をしましょう。

① $\dfrac{2}{7} \times \dfrac{1}{3}$

② $\dfrac{1}{8} \times \dfrac{3}{4}$

③ $\dfrac{2}{3} \times \dfrac{4}{5}$

④ $\dfrac{5}{6} \times \dfrac{7}{9}$

⑤ $\dfrac{7}{8} \times \dfrac{3}{8}$

⑥ $\dfrac{3}{2} \times \dfrac{3}{4}$

⑦ $\dfrac{2}{9} \times \dfrac{7}{5}$

⑧ $\dfrac{11}{8} \times \dfrac{5}{3}$

⑨ $\dfrac{7}{6} \times \dfrac{7}{2}$

35 分数に分数をかける計算 ②

▶▶▶ 答えは別冊 7 ページ

 点数

点

①，②：1問 20 点　③，④：1問 30 点

かけ算をしましょう。

① $\dfrac{1}{2} \times \dfrac{2}{3} = \dfrac{\square \times \square}{\square \times \square} = \dfrac{\square}{\square}$

分母どうし，分子
どうしをかける　　　　とちゅうで約分できる
　　　　　　　　　　　ときは約分する

② $\dfrac{3}{5} \times \dfrac{2}{3} = \dfrac{\square \times \square}{\square \times \square} = \dfrac{\square}{\square}$

分母どうし，分子
どうしをかける　　　　とちゅうで約分できる
　　　　　　　　　　　ときは約分する

③ $\dfrac{8}{9} \times \dfrac{3}{4} = \dfrac{\square \times \square}{\square \times \square} = \dfrac{\square}{\square}$

分母どうし，分子
どうしをかける　　　　とちゅうで約分できる
　　　　　　　　　　　ときは約分する

④ $\dfrac{6}{5} \times \dfrac{10}{9} = \dfrac{\square \times \square}{\square \times \square} = \dfrac{\square}{\square} = \square\dfrac{\square}{\square}$

分母どうし，分子
どうしをかける　　　　とちゅうで約分できる
　　　　　　　　　　　ときは約分する

＊答えは帯分数になおしてもよい

36 分数に分数をかける計算 ②

点数

点

①〜④：1問 10 点　⑤〜⑨：1問 12 点

かけ算をしましょう。

① $\dfrac{3}{4} \times \dfrac{1}{6}$

② $\dfrac{5}{7} \times \dfrac{7}{9}$

③ $\dfrac{3}{8} \times \dfrac{4}{5}$

④ $\dfrac{6}{7} \times \dfrac{3}{4}$

⑤ $\dfrac{1}{3} \times \dfrac{3}{8}$

⑥ $\dfrac{2}{5} \times \dfrac{3}{4}$

⑦ $\dfrac{4}{9} \times \dfrac{5}{6}$

⑧ $\dfrac{3}{10} \times \dfrac{2}{7}$

⑨ $\dfrac{7}{8} \times \dfrac{4}{5}$

37 分数に分数をかける計算 ②　

▶▶▶ 答えは別冊 7 ページ

①〜④：1問 10 点　　⑤〜⑨：1問 12 点

点

かけ算をしましょう。

① $\dfrac{2}{5} \times \dfrac{5}{6}$

② $\dfrac{8}{9} \times \dfrac{3}{2}$

③ $\dfrac{3}{10} \times \dfrac{8}{3}$

④ $\dfrac{15}{8} \times \dfrac{6}{5}$

⑤ $\dfrac{9}{7} \times \dfrac{14}{9}$

⑥ $\dfrac{4}{3} \times \dfrac{9}{10}$

⑦ $\dfrac{7}{12} \times \dfrac{15}{14}$

⑧ $\dfrac{9}{4} \times \dfrac{8}{3}$

⑨ $\dfrac{12}{11} \times \dfrac{11}{9}$

38 分数に分数をかける計算 ③

▶▶▶ 答えは別冊 7 ページ 点数

点

①，②：1問14点　③〜⑥：1問18点

かけ算をしましょう。

① $1\dfrac{1}{4} \times \dfrac{1}{3} = \dfrac{\square}{\square} \times \dfrac{\square}{\square} = \dfrac{\square \times \square}{\square \times \square} = \dfrac{\square}{\square}$

仮分数になおす　　　分母どうし，分子どうしをかける

② $2\dfrac{2}{3} \times \dfrac{1}{3} = \dfrac{\square}{\square} \times \dfrac{\square}{\square} = \dfrac{\square \times \square}{\square \times \square} = \dfrac{\square}{\square}$

仮分数になおす　　　分母どうし，分子どうしをかける

③ $1\dfrac{2}{5} \times \dfrac{3}{4} = \dfrac{\square}{\square} \times \dfrac{\square}{\square} = \dfrac{\square \times \square}{\square \times \square} = \dfrac{\square}{\square} = \square\dfrac{\square}{\square}$

仮分数になおす　　　分母どうし，分子どうしをかける

＊答えは帯分数になおしてもよい

④ $\dfrac{5}{6} \times 1\dfrac{2}{3} = \dfrac{\square}{\square} \times \dfrac{\square}{\square} = \dfrac{\square \times \square}{\square \times \square} = \dfrac{\square}{\square} = \square\dfrac{\square}{\square}$

仮分数になおす　　　分母どうし，分子どうしをかける

＊答えは帯分数になおしてもよい

⑤ $3\dfrac{1}{2} \times 1\dfrac{2}{5} = \dfrac{\square}{\square} \times \dfrac{\square}{\square} = \dfrac{\square \times \square}{\square \times \square} = \dfrac{\square}{\square} = \square\dfrac{\square}{\square}$

仮分数になおす　　　分母どうし，分子どうしをかける

＊答えは帯分数になおしてもよい

⑥ $1\dfrac{1}{6} \times 2\dfrac{3}{4} = \dfrac{\square}{\square} \times \dfrac{\square}{\square} = \dfrac{\square \times \square}{\square \times \square} = \dfrac{\square}{\square} = \square\dfrac{\square}{\square}$

仮分数になおす　　　分母どうし，分子どうしをかける

＊答えは帯分数になおしてもよい

39 分数に分数をかける計算 ③

▶▶▶ 答えは別冊 8 ページ

①～④：1問 10 点　⑤～⑨：1問 12 点

点

かけ算をしましょう。

① $1\dfrac{1}{3} \times \dfrac{2}{5}$

② $2\dfrac{1}{5} \times \dfrac{1}{6}$

③ $\dfrac{4}{7} \times 1\dfrac{2}{3}$

④ $\dfrac{3}{4} \times 2\dfrac{1}{2}$

⑤ $1\dfrac{3}{5} \times 2\dfrac{1}{3}$

⑥ $2\dfrac{1}{4} \times 1\dfrac{2}{7}$

⑦ $1\dfrac{5}{8} \times 1\dfrac{2}{3}$

⑧ $2\dfrac{3}{4} \times 3\dfrac{1}{2}$

⑨ $1\dfrac{1}{8} \times 1\dfrac{2}{5}$

40 分数に分数をかける計算 ③

▶▶▶ 答えは別冊8ページ

点数

①～④：1問10点　⑤～⑨：1問12点

点

かけ算をしましょう。

① $1\dfrac{1}{6} \times \dfrac{1}{2}$

② $2\dfrac{1}{4} \times \dfrac{3}{7}$

③ $\dfrac{5}{8} \times 2\dfrac{1}{2}$

④ $\dfrac{4}{5} \times 1\dfrac{2}{7}$

⑤ $3\dfrac{1}{2} \times 1\dfrac{2}{3}$

⑥ $1\dfrac{2}{7} \times 1\dfrac{1}{8}$

⑦ $2\dfrac{1}{5} \times 1\dfrac{3}{5}$

⑧ $1\dfrac{3}{4} \times 2\dfrac{1}{3}$

⑨ $1\dfrac{1}{9} \times 2\dfrac{2}{3}$

分数に分数をかける計算 ④

▶▶ 答えは別冊8ページ

①，②：1問20点　③，④：1問30点

点

かけ算をしましょう。

① $1\dfrac{1}{5} \times \dfrac{2}{3} = \dfrac{\square}{\square} \times \dfrac{\square}{\square} = \dfrac{\square \times \square}{\square \times \square} = \dfrac{\square}{\square}$

仮分数になおす　　　　　とちゅうで約分できる
　　　　　　　　　　　ときは約分する

② $1\dfrac{1}{4} \times \dfrac{2}{3} = \dfrac{\square}{\square} \times \dfrac{\square}{\square} = \dfrac{\square \times \square}{\square \times \square} = \dfrac{\square}{\square}$

仮分数になおす　　　　　とちゅうで約分できる
　　　　　　　　　　　ときは約分する

③ $\dfrac{6}{7} \times 2\dfrac{5}{8} = \dfrac{\square}{\square} \times \dfrac{\square}{\square} = \dfrac{\square \times \square}{\square \times \square} = \dfrac{\square}{\square} = \square\dfrac{\square}{\square}$

仮分数になおす　　　　　とちゅうで約分できる　　　＊答えは帯分数に
　　　　　　　　　　　ときは約分する　　　　　　　なおしてもよい

④ $2\dfrac{2}{9} \times 1\dfrac{3}{4} = \dfrac{\square}{\square} \times \dfrac{\square}{\square} = \dfrac{\square \times \square}{\square \times \square} = \dfrac{\square}{\square} = \square\dfrac{\square}{\square}$

仮分数になおす　　　　　とちゅうで約分できる　　　＊答えは帯分数に
　　　　　　　　　　　ときは約分する　　　　　　　なおしてもよい

42 分数に分数をかける計算 ④

▶▶▶ **答えは別冊 8 ページ**

点

①～④：1問 10 点　⑤～⑨：1問 12 点

かけ算をしましょう。

① $1\dfrac{1}{6} \times \dfrac{5}{7}$

② $2\dfrac{2}{3} \times \dfrac{7}{8}$

③ $4\dfrac{1}{2} \times \dfrac{5}{9}$

④ $3\dfrac{3}{4} \times \dfrac{4}{5}$

⑤ $1\dfrac{1}{3} \times 2\dfrac{1}{2}$

⑥ $1\dfrac{1}{9} \times 1\dfrac{2}{7}$

⑦ $2\dfrac{1}{4} \times 2\dfrac{2}{3}$

⑧ $2\dfrac{2}{5} \times 1\dfrac{7}{8}$

⑨ $3\dfrac{6}{7} \times 4\dfrac{1}{12}$

43 分数に分数をかける計算 ④

▶▶▶ 答えは別冊 8 ページ

点数

①～④：1問10点　⑤～⑨：1問12点

点

かけ算をしましょう。

① $\dfrac{3}{5} \times 1\dfrac{1}{4}$

② $\dfrac{7}{9} \times 1\dfrac{1}{8}$

③ $\dfrac{3}{10} \times 2\dfrac{1}{7}$

④ $\dfrac{8}{9} \times 1\dfrac{1}{2}$

⑤ $2\dfrac{1}{4} \times 1\dfrac{5}{7}$

⑥ $1\dfrac{1}{8} \times 2\dfrac{1}{3}$

⑦ $2\dfrac{2}{9} \times 3\dfrac{3}{5}$

⑧ $3\dfrac{4}{7} \times 2\dfrac{1}{10}$

⑨ $2\dfrac{2}{11} \times 1\dfrac{5}{6}$

整数に分数をかける計算 ①

▶▶▶ 答えは別冊8ページ

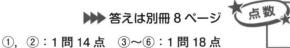

①，②：1問14点　③～⑥：1問18点

点

かけ算をしましょう。

① $3 \times \dfrac{2}{7} = \dfrac{\square}{\square} \times \dfrac{\square}{\square} = \dfrac{\square \times \square}{\square \times \square} = \dfrac{\square}{\square}$

分母が1の分数と考える　　分母どうし，分子どうしをかける

② $5 \times \dfrac{2}{7} = \dfrac{\square}{\square} \times \dfrac{\square}{\square} = \dfrac{\square \times \square}{\square \times \square} = \dfrac{\square}{\square} = \square\dfrac{\square}{\square}$

分母が1の分数と考える　　分母どうし，分子どうしをかける

＊答えは帯分数になおしてもよい

③ $4 \times \dfrac{4}{5} = \dfrac{\square}{\square} \times \dfrac{\square}{\square} = \dfrac{\square \times \square}{\square \times \square} = \dfrac{\square}{\square} = \square\dfrac{\square}{\square}$

分母が1の分数と考える　　分母どうし，分子どうしをかける

＊答えは帯分数になおしてもよい

④ $8 \times \dfrac{6}{7} = \dfrac{\square}{\square} \times \dfrac{\square}{\square} = \dfrac{\square \times \square}{\square \times \square} = \dfrac{\square}{\square} = \square\dfrac{\square}{\square}$

分母が1の分数と考える　　分母どうし，分子どうしをかける

＊答えは帯分数になおしてもよい

⑤ $2 \times \dfrac{5}{3} = \dfrac{\square}{\square} \times \dfrac{\square}{\square} = \dfrac{\square \times \square}{\square \times \square} = \dfrac{\square}{\square} = \square\dfrac{\square}{\square}$

分母が1の分数と考える　　分母どうし，分子どうしをかける

＊答えは帯分数になおしてもよい

⑥ $3 \times \dfrac{7}{4} = \dfrac{\square}{\square} \times \dfrac{\square}{\square} = \dfrac{\square \times \square}{\square \times \square} = \dfrac{\square}{\square} = \square\dfrac{\square}{\square}$

分母が1の分数と考える　　分母どうし，分子どうしをかける

＊答えは帯分数になおしてもよい

45 整数に分数をかける計算 ①

▶▶▶ 答えは別冊9ページ

点

①〜④：1問10点　⑤〜⑨：1問12点

かけ算をしましょう。

① $2 \times \dfrac{2}{5}$

② $7 \times \dfrac{3}{4}$

③ $3 \times \dfrac{5}{8}$

④ $4 \times \dfrac{7}{9}$

⑤ $9 \times \dfrac{3}{2}$

⑥ $5 \times \dfrac{7}{6}$

⑦ $8 \times \dfrac{10}{7}$

⑧ $5 \times \dfrac{8}{3}$

⑨ $3 \times \dfrac{13}{10}$

46 整数に分数をかける計算 ①

▶▶▶ 答えは別冊9ページ

①〜④：1問10点　⑤〜⑨：1問12点

点数

点

かけ算をしましょう。

① $2 \times \dfrac{4}{9}$

② $4 \times \dfrac{3}{5}$

③ $9 \times \dfrac{4}{7}$

④ $8 \times \dfrac{2}{3}$

⑤ $3 \times \dfrac{6}{5}$

⑥ $7 \times \dfrac{11}{9}$

⑦ $5 \times \dfrac{9}{8}$

⑧ $9 \times \dfrac{5}{2}$

⑨ $6 \times \dfrac{7}{5}$

㊷ 整数に分数をかける計算 ②

▶▶▶ 答えは別冊 9 ページ

①，②：1問20点　③，④：1問30点

かけ算をしましょう。

① $3 \times \dfrac{2}{9} = \dfrac{\square}{\square} \times \dfrac{\square}{\square} = \dfrac{\square \times \square}{\square \times \square} = \dfrac{\square}{\square}$

分母が 1 の分数と考える

とちゅうで約分できる
ときは約分する

② $12 \times \dfrac{2}{9} = \dfrac{\square}{\square} \times \dfrac{\square}{\square} = \dfrac{\square \times \square}{\square \times \square} = \dfrac{\square}{\square} = \square\dfrac{\square}{\square}$

分母が 1 の分数と考える

とちゅうで約分できる
ときは約分する

＊答えは帯分数に
なおしてもよい

③ $5 \times \dfrac{7}{10} = \dfrac{\square}{\square} \times \dfrac{\square}{\square} = \dfrac{\square \times \square}{\square \times \square} = \dfrac{\square}{\square} = \square\dfrac{\square}{\square}$

分母が 1 の分数と考える

とちゅうで約分できる
ときは約分する

＊答えは帯分数に
なおしてもよい

④ $6 \times \dfrac{16}{15} = \dfrac{\square}{\square} \times \dfrac{\square}{\square} = \dfrac{\square \times \square}{\square \times \square} = \dfrac{\square}{\square} = \square\dfrac{\square}{\square}$

分母が 1 の分数と考える

とちゅうで約分できる
ときは約分する

＊答えは帯分数に
なおしてもよい

48 整数に分数をかける計算 ②

▶▶▶ 答えは別冊9ページ

①〜④：1問10点　⑤〜⑨：1問12点

点

かけ算をしましょう。

① $2 \times \dfrac{5}{6}$

② $6 \times \dfrac{7}{9}$

③ $5 \times \dfrac{3}{10}$

④ $3 \times \dfrac{5}{12}$

⑤ $8 \times \dfrac{7}{6}$

⑥ $3 \times \dfrac{4}{9}$

⑦ $2 \times \dfrac{7}{8}$

⑧ $4 \times \dfrac{9}{8}$

⑨ $20 \times \dfrac{7}{4}$

整数に分数をかける計算②　

▶▶▶ 答えは別冊 9 ページ

①～④：1問10点　⑤～⑨：1問12点

点

かけ算をしましょう。

① $4 \times \dfrac{11}{10}$

② $6 \times \dfrac{13}{12}$

③ $5 \times \dfrac{4}{15}$

④ $7 \times \dfrac{3}{14}$

⑤ $15 \times \dfrac{10}{9}$

⑥ $12 \times \dfrac{11}{9}$

⑦ $10 \times \dfrac{13}{15}$

⑧ $14 \times \dfrac{11}{10}$

⑨ $26 \times \dfrac{14}{13}$

50 整数に分数をかける計算 ③

▶▶▶ 答えは別冊 9 ページ

①，②：1問20点　③，④：1問30点

点

かけ算をしましょう。

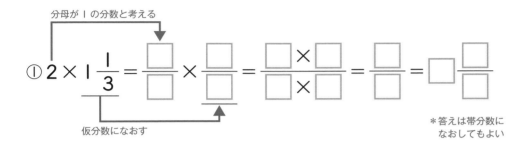

*答えは帯分数に
なおしてもよい

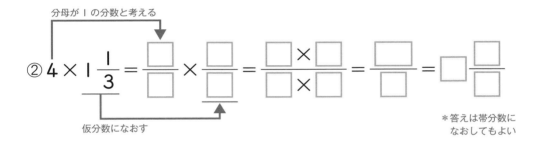

*答えは帯分数に
なおしてもよい

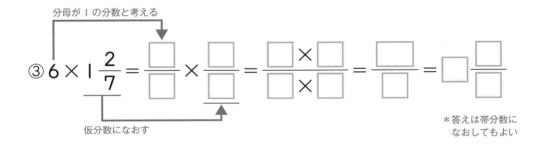

*答えは帯分数に
なおしてもよい

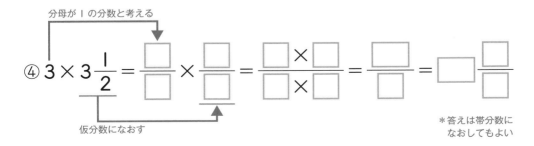

*答えは帯分数に
なおしてもよい

整数に分数をかける計算 ③

▶▶▶ 答えは別冊9ページ

①～④：1問10点　⑤～⑨：1問12点

点

かけ算をしましょう。

① $3 \times 1\dfrac{1}{2}$

② $4 \times 1\dfrac{1}{5}$

③ $9 \times 1\dfrac{3}{7}$

④ $8 \times 2\dfrac{1}{3}$

⑤ $7 \times 4\dfrac{1}{2}$

⑥ $2 \times 1\dfrac{2}{3}$

⑦ $7 \times 1\dfrac{1}{8}$

⑧ $5 \times 1\dfrac{2}{9}$

⑨ $9 \times 1\dfrac{3}{4}$

52 整数に分数をかける計算 ④

▶▶▶ 答えは別冊 10 ページ

①，②：1問 20 点　③，④：1問 30 点

点数

点

かけ算をしましょう。

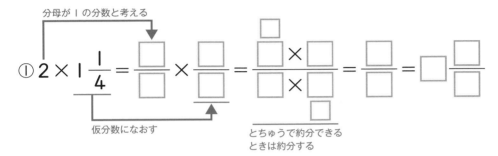

① $2 \times 1\dfrac{1}{4}$

分母が1の分数と考える　仮分数になおす　とちゅうで約分できるときは約分する

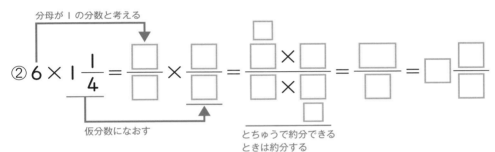

② $6 \times 1\dfrac{1}{4}$

分母が1の分数と考える　仮分数になおす　とちゅうで約分できるときは約分する

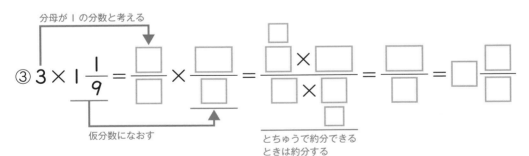

③ $3 \times 1\dfrac{1}{9}$

分母が1の分数と考える　仮分数になおす　とちゅうで約分できるときは約分する

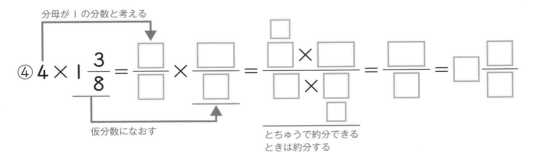

④ $4 \times 1\dfrac{3}{8}$

分母が1の分数と考える　仮分数になおす　とちゅうで約分できるときは約分する

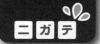

53 整数に分数をかける計算 ④

▶▶▶ 答えは別冊 10 ページ

①～④：1問10点　⑤～⑨：1問12点

点

かけ算をしましょう。

① $3 \times 1\dfrac{1}{6}$

② $6 \times 1\dfrac{1}{9}$

③ $7 \times 1\dfrac{1}{14}$

④ $10 \times 1\dfrac{1}{8}$

⑤ $3 \times 2\dfrac{2}{9}$

⑥ $6 \times 3\dfrac{1}{4}$

⑦ $8 \times 1\dfrac{5}{6}$

⑧ $12 \times 1\dfrac{3}{8}$

⑨ $9 \times 3\dfrac{5}{6}$

54 分数・整数に分数をかける計算のまとめ
暗号ゲーム

▶▶▶ 答えは別冊10ページ

次の計算をして，答えの文字を書きましょう。

① $\dfrac{2}{3} \times \dfrac{3}{4}$

② $\dfrac{6}{5} \times \dfrac{1}{2}$

③ $\dfrac{6}{7} \times \dfrac{3}{8}$

④ $2\dfrac{1}{4} \times \dfrac{8}{15}$

⑤ $1\dfrac{1}{9} \times 2\dfrac{1}{4}$

⑥ $4\dfrac{1}{6} \times 1\dfrac{3}{5}$

⑦ $8 \times \dfrac{4}{5}$

⑧ $12 \times 1\dfrac{1}{8}$

つ $\dfrac{9}{28}$ 　い $\dfrac{20}{3}$ 　や $\dfrac{32}{5}$ 　お $\dfrac{1}{2}$

や $\dfrac{3}{5}$ 　た $\dfrac{5}{2}$ 　き $\dfrac{27}{2}$ 　は $\dfrac{6}{5}$

きょうの

①	②	③	④	⑤	⑥	⑦	⑧

，　　！

分数を分数でわる計算 ①　　

▶▶▶ 答えは別冊 10 ページ

①，②：1問 14 点　③〜⑥：1問 18 点

点

わり算をしましょう。

① $\dfrac{1}{2} \div \dfrac{3}{5} = \dfrac{\Box}{\Box} \times \dfrac{\Box}{\Box} = \dfrac{\Box \times \Box}{\Box \times \Box} = \dfrac{\Box}{\Box}$

分母と分子を入れかえた数をかける

② $\dfrac{1}{3} \div \dfrac{3}{5} = \dfrac{\Box}{\Box} \times \dfrac{\Box}{\Box} = \dfrac{\Box \times \Box}{\Box \times \Box} = \dfrac{\Box}{\Box}$

分母と分子を入れかえた数をかける

③ $\dfrac{3}{4} \div \dfrac{5}{7} = \dfrac{\Box}{\Box} \times \dfrac{\Box}{\Box} = \dfrac{\Box \times \Box}{\Box \times \Box} = \dfrac{\Box}{\Box} = \Box\dfrac{\Box}{\Box}$

分母と分子を入れかえた数をかける

＊答えは帯分数になおしてもよい

④ $\dfrac{6}{5} \div \dfrac{7}{8} = \dfrac{\Box}{\Box} \times \dfrac{\Box}{\Box} = \dfrac{\Box \times \Box}{\Box \times \Box} = \dfrac{\Box}{\Box} = \Box\dfrac{\Box}{\Box}$

分母と分子を入れかえた数をかける

＊答えは帯分数になおしてもよい

⑤ $\dfrac{5}{7} \div \dfrac{3}{4} = \dfrac{\Box}{\Box} \times \dfrac{\Box}{\Box} = \dfrac{\Box \times \Box}{\Box \times \Box} = \dfrac{\Box}{\Box}$

分母と分子を入れかえた数をかける

⑥ $\dfrac{9}{8} \div \dfrac{8}{7} = \dfrac{\Box}{\Box} \times \dfrac{\Box}{\Box} = \dfrac{\Box \times \Box}{\Box \times \Box} = \dfrac{\Box}{\Box}$

分母と分子を入れかえた数をかける

56 分数を分数でわる計算 ①

▶▶▶ 答えは別冊 10 ページ

点数

点

①〜④：1問10点　⑤〜⑨：1問12点

わり算をしましょう。

① $\dfrac{1}{2} \div \dfrac{2}{3}$

② $\dfrac{1}{4} \div \dfrac{1}{3}$

③ $\dfrac{2}{5} \div \dfrac{1}{2}$

④ $\dfrac{5}{6} \div \dfrac{3}{5}$

⑤ $\dfrac{3}{7} \div \dfrac{4}{9}$

⑥ $\dfrac{6}{5} \div \dfrac{5}{7}$

⑦ $\dfrac{7}{8} \div \dfrac{6}{7}$

⑧ $\dfrac{9}{7} \div \dfrac{1}{4}$

⑨ $\dfrac{3}{5} \div \dfrac{8}{7}$

分数を分数でわる計算 ①　

▶▶▶ 答えは別冊 10 ページ

点

①～④：1問 10 点　⑤～⑨：1問 12 点

わり算をしましょう。

① $\dfrac{3}{5} \div \dfrac{1}{2}$

② $\dfrac{4}{7} \div \dfrac{3}{4}$

③ $\dfrac{1}{6} \div \dfrac{2}{5}$

④ $\dfrac{7}{8} \div \dfrac{2}{3}$

⑤ $\dfrac{5}{4} \div \dfrac{3}{5}$

⑥ $\dfrac{10}{9} \div \dfrac{7}{5}$

⑦ $\dfrac{7}{9} \div \dfrac{5}{8}$

⑧ $\dfrac{11}{8} \div \dfrac{9}{7}$

⑨ $\dfrac{6}{5} \div \dfrac{11}{9}$

58 分数を分数でわる計算 ②　　 理 解

▶▶▶ 答えは別冊 11 ページ

 点数

点

①，②：1問 20 点　③，④：1問 30 点

わり算をしましょう。

① $\dfrac{2}{3} \div \dfrac{4}{5} = \dfrac{\square}{\square} \times \dfrac{\square}{\square} = \dfrac{\square \times \square}{\square \times \square} = \dfrac{\square}{\square}$

　　　分母と分子を入れかえた数をかける　　　とちゅうで約分できる
　　　　　　　　　　　　　　　　　　　　　　ときは約分する

② $\dfrac{4}{7} \div \dfrac{4}{5} = \dfrac{\square}{\square} \times \dfrac{\square}{\square} = \dfrac{\square \times \square}{\square \times \square} = \dfrac{\square}{\square}$

　　　分母と分子を入れかえた数をかける　　　とちゅうで約分できる
　　　　　　　　　　　　　　　　　　　　　　ときは約分する

③ $\dfrac{10}{9} \div \dfrac{5}{3} = \dfrac{\square}{\square} \times \dfrac{\square}{\square} = \dfrac{\square \times \square}{\square \times \square} = \dfrac{\square}{\square}$

　　　分母と分子を入れかえた数をかける　　　とちゅうで約分できる
　　　　　　　　　　　　　　　　　　　　　　ときは約分する

④ $\dfrac{6}{7} \div \dfrac{9}{14} = \dfrac{\square}{\square} \times \dfrac{\square}{\square} = \dfrac{\square \times \square}{\square \times \square} = \dfrac{\square}{\square} = \square\dfrac{\square}{\square}$

　　　分母と分子を入れかえた数をかける　　　とちゅうで約分できる　　　＊答えは帯分数に
　　　　　　　　　　　　　　　　　　　　　　ときは約分する　　　　　　なおしてもよい

 59 分数を分数でわる計算②　　 練 習

▶▶▶ 答えは別冊 11 ページ　 点数

①〜④：1問 10 点　　⑤〜⑨：1問 12 点

点

わり算をしましょう。

① $\dfrac{2}{5} \div \dfrac{4}{9}$

② $\dfrac{3}{4} \div \dfrac{6}{7}$

③ $\dfrac{5}{6} \div \dfrac{2}{3}$

④ $\dfrac{7}{8} \div \dfrac{3}{4}$

⑤ $\dfrac{5}{3} \div \dfrac{7}{6}$

⑥ $\dfrac{7}{4} \div \dfrac{5}{6}$

⑦ $\dfrac{3}{8} \div \dfrac{7}{12}$

⑧ $\dfrac{8}{15} \div \dfrac{3}{5}$

⑨ $\dfrac{9}{10} \div \dfrac{5}{2}$

60 分数を分数でわる計算 ②

 練習

▶▶▶ 答えは別冊 11 ページ ★点数★

①〜④：1問 10 点　⑤〜⑨：1問 12 点

点

わり算をしましょう。

① $\dfrac{4}{3} \div \dfrac{8}{9}$

② $\dfrac{5}{7} \div \dfrac{15}{14}$

③ $\dfrac{10}{9} \div \dfrac{5}{6}$

④ $\dfrac{3}{8} \div \dfrac{15}{16}$

⑤ $\dfrac{4}{9} \div \dfrac{2}{3}$

⑥ $\dfrac{7}{10} \div \dfrac{14}{15}$

⑦ $\dfrac{9}{8} \div \dfrac{21}{20}$

⑧ $\dfrac{5}{12} \div \dfrac{10}{9}$

⑨ $\dfrac{22}{21} \div \dfrac{11}{14}$

61 分数を分数でわる計算 ③

理解

▶▶▶ 答えは別冊 11 ページ

点数

点

①，②：1問 14 点　　③～⑥：1問 18 点

わり算をしましょう。

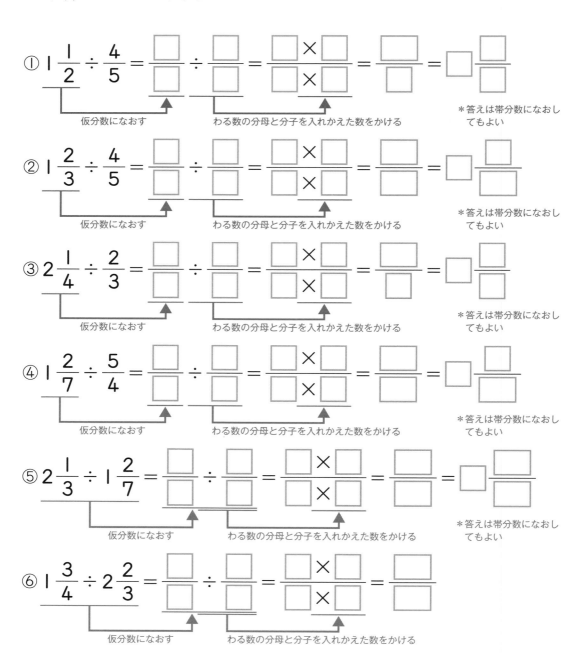

① $1\dfrac{1}{2} \div \dfrac{4}{5} = \dfrac{\square}{\square} \div \dfrac{\square}{\square} = \dfrac{\square \times \square}{\square \times \square} = \dfrac{\square}{\square} = \square\dfrac{\square}{\square}$

仮分数になおす　　　わる数の分母と分子を入れかえた数をかける

＊答えは帯分数になおしてもよい

② $1\dfrac{2}{3} \div \dfrac{4}{5} = \dfrac{\square}{\square} \div \dfrac{\square}{\square} = \dfrac{\square \times \square}{\square \times \square} = \dfrac{\square}{\square} = \square\dfrac{\square}{\square}$

仮分数になおす　　　わる数の分母と分子を入れかえた数をかける

＊答えは帯分数になおしてもよい

③ $2\dfrac{1}{4} \div \dfrac{2}{3} = \dfrac{\square}{\square} \div \dfrac{\square}{\square} = \dfrac{\square \times \square}{\square \times \square} = \dfrac{\square}{\square} = \square\dfrac{\square}{\square}$

仮分数になおす　　　わる数の分母と分子を入れかえた数をかける

＊答えは帯分数になおしてもよい

④ $1\dfrac{2}{7} \div \dfrac{5}{4} = \dfrac{\square}{\square} \div \dfrac{\square}{\square} = \dfrac{\square \times \square}{\square \times \square} = \dfrac{\square}{\square} = \square\dfrac{\square}{\square}$

仮分数になおす　　　わる数の分母と分子を入れかえた数をかける

＊答えは帯分数になおしてもよい

⑤ $2\dfrac{1}{3} \div 1\dfrac{2}{7} = \dfrac{\square}{\square} \div \dfrac{\square}{\square} = \dfrac{\square \times \square}{\square \times \square} = \dfrac{\square}{\square} = \square\dfrac{\square}{\square}$

仮分数になおす　　　わる数の分母と分子を入れかえた数をかける

＊答えは帯分数になおしてもよい

⑥ $1\dfrac{3}{4} \div 2\dfrac{2}{3} = \dfrac{\square}{\square} \div \dfrac{\square}{\square} = \dfrac{\square \times \square}{\square \times \square} = \dfrac{\square}{\square}$

仮分数になおす　　　わる数の分母と分子を入れかえた数をかける

分数を分数でわる計算 ③

▶▶▶ 答えは別冊 11 ページ

①〜④：1問 10 点　⑤〜⑨：1問 12 点

点

わり算をしましょう。

① $1\dfrac{1}{3} \div \dfrac{3}{5}$

② $1\dfrac{2}{5} \div \dfrac{5}{6}$

③ $2\dfrac{1}{2} \div \dfrac{4}{3}$

④ $2\dfrac{3}{4} \div \dfrac{4}{5}$

⑤ $1\dfrac{1}{5} \div \dfrac{7}{8}$

⑥ $1\dfrac{1}{4} \div \dfrac{2}{3}$

⑦ $2\dfrac{1}{3} \div \dfrac{4}{5}$

⑧ $1\dfrac{2}{9} \div \dfrac{3}{4}$

⑨ $1\dfrac{3}{8} \div \dfrac{2}{3}$

63 分数を分数でわる計算 ③

▶▶▶ 答えは別冊 11 ページ

点数

点

①〜④：1問10点　⑤〜⑨：1問12点

わり算をしましょう。

① $1\dfrac{1}{6} \div 1\dfrac{1}{5}$

② $2\dfrac{2}{3} \div 1\dfrac{4}{7}$

③ $3\dfrac{1}{2} \div 1\dfrac{2}{9}$

④ $1\dfrac{3}{5} \div 2\dfrac{1}{3}$

⑤ $1\dfrac{3}{8} \div 1\dfrac{1}{3}$

⑥ $2\dfrac{1}{4} \div 1\dfrac{2}{5}$

⑦ $3\dfrac{2}{3} \div 1\dfrac{1}{4}$

⑧ $1\dfrac{3}{7} \div 1\dfrac{4}{5}$

⑨ $2\dfrac{2}{5} \div 2\dfrac{1}{2}$

64 分数を分数でわる計算 ④

 理 解

▶▶▶ 答えは別冊 12 ページ 点数

①，②：1 問 20 点　③，④：1 問 30 点

点

わり算をしましょう。

① $1\dfrac{1}{6} \div \dfrac{2}{3} = \dfrac{\square}{\square} \div \dfrac{\square}{\square} = \dfrac{\square \times \square}{\square \times \square} = \dfrac{\square}{\square} = \square\dfrac{\square}{\square}$

仮分数になおす　　とちゅうで約分できる
ときは約分する

*答えは帯分数に
なおしてもよい

② $1\dfrac{3}{5} \div \dfrac{2}{3} = \dfrac{\square}{\square} \div \dfrac{\square}{\square} = \dfrac{\square \times \square}{\square \times \square} = \dfrac{\square}{\square} = \square\dfrac{\square}{\square}$

仮分数になおす　　とちゅうで約分できる
ときは約分する

*答えは帯分数に
なおしてもよい

③ $\dfrac{7}{8} \div 1\dfrac{5}{6} = \dfrac{\square}{\square} \div \dfrac{\square}{\square} = \dfrac{\square \times \square}{\square \times \square} = \dfrac{\square}{\square}$

仮分数になおす　　とちゅうで約分できる
ときは約分する

④ $1\dfrac{2}{3} \div 1\dfrac{1}{9} = \dfrac{\square}{\square} \div \dfrac{\square}{\square} = \dfrac{\square \times \square}{\square \times \square} = \dfrac{\square}{\square} = \square\dfrac{\square}{\square}$

仮分数になおす　　とちゅうで約分できる
ときは約分する

*答えは帯分数に
なおしてもよい

 分数を分数でわる計算④  **練 習**

▶▶▶ 答えは別冊 12 ページ

①〜④：1問10点　⑤〜⑨：1問12点

点

わり算をしましょう。

① $1\dfrac{1}{4} \div \dfrac{3}{8}$

② $1\dfrac{2}{9} \div \dfrac{2}{3}$

③ $1\dfrac{3}{10} \div \dfrac{4}{5}$

④ $1\dfrac{1}{3} \div \dfrac{7}{9}$

⑤ $1\dfrac{1}{2} \div \dfrac{3}{4}$

⑥ $2\dfrac{1}{4} \div 1\dfrac{1}{2}$

⑦ $1\dfrac{2}{3} \div 2\dfrac{1}{12}$

⑧ $1\dfrac{2}{5} \div 1\dfrac{1}{20}$

⑨ $1\dfrac{3}{4} \div 2\dfrac{5}{8}$

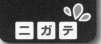
 66 分数を分数でわる計算 ④

▶▶▶ 答えは別冊 12 ページ　 点数

①～④：1問 10 点　⑤～⑨：1問 12 点

点

わり算をしましょう。

① $\dfrac{3}{8} \div 1\dfrac{2}{7}$

② $\dfrac{5}{6} \div 1\dfrac{5}{9}$

③ $\dfrac{13}{14} \div 1\dfrac{5}{21}$

④ $\dfrac{8}{9} \div 2\dfrac{2}{15}$

⑤ $1\dfrac{1}{10} \div 2\dfrac{2}{15}$

⑥ $2\dfrac{1}{4} \div 1\dfrac{5}{7}$

⑦ $1\dfrac{5}{12} \div 2\dfrac{4}{15}$

⑧ $2\dfrac{2}{9} \div 1\dfrac{17}{18}$

⑨ $3\dfrac{1}{2} \div 2\dfrac{5}{8}$

67 整数を分数でわる計算 ①

理 解

▶▶▶ 答えは別冊 12 ページ

点数

点

①，②：1問 14 点　③〜⑥：1問 18 点

わり算をしましょう。

① $3 \div \dfrac{2}{3} = \boxed{} \times \dfrac{\boxed{}}{\boxed{}} = \dfrac{\boxed{} \times \boxed{}}{\boxed{}} = \dfrac{\boxed{}}{\boxed{}} = \boxed{}\dfrac{\boxed{}}{\boxed{}}$

分母と分子を入れかえた数をかける　　　　　＊答えは帯分数になおしてもよい

② $5 \div \dfrac{2}{3} = \boxed{} \times \dfrac{\boxed{}}{\boxed{}} = \dfrac{\boxed{} \times \boxed{}}{\boxed{}} = \dfrac{\boxed{}}{\boxed{}} = \boxed{}\dfrac{\boxed{}}{\boxed{}}$

分母と分子を入れかえた数をかける　　　　　＊答えは帯分数になおしてもよい

③ $4 \div \dfrac{3}{4} = \boxed{} \times \dfrac{\boxed{}}{\boxed{}} = \dfrac{\boxed{} \times \boxed{}}{\boxed{}} = \dfrac{\boxed{}}{\boxed{}} = \boxed{}\dfrac{\boxed{}}{\boxed{}}$

分母と分子を入れかえた数をかける　　　　　＊答えは帯分数になおしてもよい

④ $6 \div \dfrac{5}{7} = \boxed{} \times \dfrac{\boxed{}}{\boxed{}} = \dfrac{\boxed{} \times \boxed{}}{\boxed{}} = \dfrac{\boxed{}}{\boxed{}} = \boxed{}\dfrac{\boxed{}}{\boxed{}}$

分母と分子を入れかえた数をかける　　　　　＊答えは帯分数になおしてもよい

⑤ $2 \div \dfrac{5}{3} = \boxed{} \times \dfrac{\boxed{}}{\boxed{}} = \dfrac{\boxed{} \times \boxed{}}{\boxed{}} = \dfrac{\boxed{}}{\boxed{}} = \boxed{}\dfrac{\boxed{}}{\boxed{}}$

分母と分子を入れかえた数をかける　　　　　＊答えは帯分数になおしてもよい

⑥ $9 \div \dfrac{8}{7} = \boxed{} \times \dfrac{\boxed{}}{\boxed{}} = \dfrac{\boxed{} \times \boxed{}}{\boxed{}} = \dfrac{\boxed{}}{\boxed{}} = \boxed{}\dfrac{\boxed{}}{\boxed{}}$

分母と分子を入れかえた数をかける　　　　　＊答えは帯分数になおしてもよい

68 整数を分数でわる計算 ①

▶▶▶ 答えは別冊 12 ページ

点数

点

①〜④：1問 10 点　　⑤〜⑨：1問 12 点

わり算をしましょう。

① $5 \div \dfrac{3}{4}$

② $8 \div \dfrac{5}{6}$

③ $9 \div \dfrac{7}{8}$

④ $2 \div \dfrac{7}{9}$

⑤ $7 \div \dfrac{8}{7}$

⑥ $6 \div \dfrac{5}{4}$

⑦ $3 \div \dfrac{10}{9}$

⑧ $4 \div \dfrac{9}{7}$

⑨ $10 \div \dfrac{11}{8}$

69 整数を分数でわる計算 ①

▶▶▶ 答えは別冊 12 ページ

①～④：1問10点　⑤～⑨：1問12点

点

わり算をしましょう。

① $9 \div \dfrac{8}{9}$

② $8 \div \dfrac{5}{7}$

③ $7 \div \dfrac{9}{10}$

④ $3 \div \dfrac{8}{13}$

⑤ $5 \div \dfrac{6}{11}$

⑥ $12 \div \dfrac{5}{3}$

⑦ $10 \div \dfrac{7}{5}$

⑧ $2 \div \dfrac{9}{14}$

⑨ $4 \div \dfrac{13}{7}$

70 整数を分数でわる計算 ②

　理 解

▶▶▶ 答えは別冊 13 ページ

①, ②：1 問 20 点　③, ④：1 問 30 点

点

わり算をしましょう。

① $2 \div \dfrac{4}{5} = \square \times \dfrac{\square}{\square} = \dfrac{\square \times \square}{\square} = \dfrac{\square}{\square} = \square\dfrac{\square}{\square}$

分母と分子を入れかえた数をかける　　　　とちゅうで約分できる
ときは約分する

＊答えは帯分数に
なおしてもよい

② $6 \div \dfrac{4}{5} = \square \times \dfrac{\square}{\square} = \dfrac{\square \times \square}{\square} = \dfrac{\square}{\square} = \square\dfrac{\square}{\square}$

分母と分子を入れかえた数をかける　　　　とちゅうで約分できる
ときは約分する

＊答えは帯分数に
なおしてもよい

③ $3 \div \dfrac{6}{7} = \square \times \dfrac{\square}{\square} = \dfrac{\square \times \square}{\square} = \dfrac{\square}{\square} = \square\dfrac{\square}{\square}$

分母と分子を入れかえた数をかける　　　　とちゅうで約分できる
ときは約分する

＊答えは帯分数に
なおしてもよい

④ $8 \div \dfrac{12}{13} = \square \times \dfrac{\square}{\square} = \dfrac{\square \times \square}{\square} = \dfrac{\square}{\square} = \square\dfrac{\square}{\square}$

分母と分子を入れかえた数をかける　　　　とちゅうで約分できる
ときは約分する

＊答えは帯分数に
なおしてもよい

 整数を分数でわる計算 ②

▶▶▶ 答えは別冊 13 ページ

①〜④：1問 10 点　⑤〜⑨：1問 12 点

点

わり算をしましょう。

① $5 \div \dfrac{10}{13}$

② $6 \div \dfrac{9}{10}$

③ $7 \div \dfrac{14}{15}$

④ $8 \div \dfrac{12}{5}$

⑤ $10 \div \dfrac{15}{8}$

⑥ $12 \div \dfrac{4}{3}$

⑦ $7 \div \dfrac{14}{11}$

⑧ $18 \div \dfrac{12}{7}$

⑨ $24 \div \dfrac{16}{9}$

72 整数を分数でわる計算 ②

▶▶▶ 答えは別冊 13 ページ

①〜④：1問 10 点　⑤〜⑨：1問 12 点

点

わり算をしましょう。

① $12 \div \dfrac{8}{5}$

② $21 \div \dfrac{9}{7}$

③ $27 \div \dfrac{18}{13}$

④ $14 \div \dfrac{21}{20}$

⑤ $6 \div \dfrac{36}{25}$

⑥ $18 \div \dfrac{27}{14}$

⑦ $26 \div \dfrac{13}{12}$

⑧ $16 \div \dfrac{20}{11}$

⑨ $20 \div \dfrac{25}{12}$

73 整数を分数でわる計算 ③

▶▶▶ 答えは別冊 13 ページ　★点数★

点

①, ②：1問 14 点　③〜⑥：1問 18 点

わり算をしましょう。

① $3 \div 1\dfrac{1}{3} = \boxed{} \div \dfrac{\boxed{}}{\boxed{}} = \dfrac{\boxed{} \times \boxed{}}{\boxed{}} = \dfrac{\boxed{}}{\boxed{}} = \boxed{}\dfrac{\boxed{}}{\boxed{}}$

仮分数になおす　　　　わる数の分母と分子を　　　　＊答えは帯分数になおしてもよい
　　　　　　　　　　　　入れかえた数をかける

② $5 \div 1\dfrac{1}{3} = \boxed{} \div \dfrac{\boxed{}}{\boxed{}} = \dfrac{\boxed{} \times \boxed{}}{\boxed{}} = \dfrac{\boxed{}}{\boxed{}} = \boxed{}\dfrac{\boxed{}}{\boxed{}}$

仮分数になおす　　　　わる数の分母と分子を　　　　＊答えは帯分数になおしてもよい
　　　　　　　　　　　　入れかえた数をかける

③ $2 \div 1\dfrac{3}{4} = \boxed{} \div \dfrac{\boxed{}}{\boxed{}} = \dfrac{\boxed{} \times \boxed{}}{\boxed{}} = \dfrac{\boxed{}}{\boxed{}} = \boxed{}\dfrac{\boxed{}}{\boxed{}}$

仮分数になおす　　　　わる数の分母と分子を　　　　＊答えは帯分数になおしてもよい
　　　　　　　　　　　　入れかえた数をかける

④ $4 \div 1\dfrac{1}{2} = \boxed{} \div \dfrac{\boxed{}}{\boxed{}} = \dfrac{\boxed{} \times \boxed{}}{\boxed{}} = \dfrac{\boxed{}}{\boxed{}} = \boxed{}\dfrac{\boxed{}}{\boxed{}}$

仮分数になおす　　　　わる数の分母と分子を　　　　＊答えは帯分数になおしてもよい
　　　　　　　　　　　　入れかえた数をかける

⑤ $7 \div 2\dfrac{2}{3} = \boxed{} \div \dfrac{\boxed{}}{\boxed{}} = \dfrac{\boxed{} \times \boxed{}}{\boxed{}} = \dfrac{\boxed{}}{\boxed{}} = \boxed{}\dfrac{\boxed{}}{\boxed{}}$

仮分数になおす　　　　わる数の分母と分子を　　　　＊答えは帯分数になおしてもよい
　　　　　　　　　　　　入れかえた数をかける

⑥ $6 \div 3\dfrac{1}{4} = \boxed{} \div \dfrac{\boxed{}}{\boxed{}} = \dfrac{\boxed{} \times \boxed{}}{\boxed{}} = \dfrac{\boxed{}}{\boxed{}} = \boxed{}\dfrac{\boxed{}}{\boxed{}}$

仮分数になおす　　　　わる数の分母と分子を　　　　＊答えは帯分数になおしてもよい
　　　　　　　　　　　　入れかえた数をかける

 整数を分数でわる計算③

▶▶▶ 答えは別冊13ページ

①～④：1問10点　⑤～⑨：1問12点

わり算をしましょう。

① $3 \div 1\dfrac{3}{5}$

② $2 \div 1\dfrac{1}{2}$

③ $5 \div 1\dfrac{3}{4}$

④ $6 \div 1\dfrac{2}{3}$

⑤ $9 \div 1\dfrac{3}{7}$

⑥ $7 \div 1\dfrac{4}{5}$

⑦ $8 \div 2\dfrac{1}{3}$

⑧ $10 \div 2\dfrac{1}{4}$

⑨ $11 \div 3\dfrac{1}{2}$

75 整数を分数でわる計算 ④

理 解

▶▶ 答えは別冊 13 ページ

点数

点

①，②：1問 20 点　③，④：1問 30 点

わり算をしましょう。

① $2 \div 1\dfrac{1}{3} = \boxed{} \div \dfrac{\boxed{}}{\boxed{}} = \dfrac{\boxed{} \times \boxed{}}{\boxed{}} = \dfrac{\boxed{}}{\boxed{}} = \boxed{}\dfrac{\boxed{}}{\boxed{}}$

　　　　仮分数になおす　　　とちゅうで約分できる　　　＊答えは帯分数に
　　　　　　　　　　　　　　ときは約分する　　　　　　なおしてもよい

② $6 \div 1\dfrac{1}{3} = \boxed{} \div \dfrac{\boxed{}}{\boxed{}} = \dfrac{\boxed{} \times \boxed{}}{\boxed{}} = \dfrac{\boxed{}}{\boxed{}} = \boxed{}\dfrac{\boxed{}}{\boxed{}}$

　　　　仮分数になおす　　　とちゅうで約分できる　　　＊答えは帯分数に
　　　　　　　　　　　　　　ときは約分する　　　　　　なおしてもよい

③ $3 \div 1\dfrac{4}{5} = \boxed{} \div \dfrac{\boxed{}}{\boxed{}} = \dfrac{\boxed{} \times \boxed{}}{\boxed{}} = \dfrac{\boxed{}}{\boxed{}} = \boxed{}\dfrac{\boxed{}}{\boxed{}}$

　　　　仮分数になおす　　　とちゅうで約分できる　　　＊答えは帯分数に
　　　　　　　　　　　　　　ときは約分する　　　　　　なおしてもよい

④ $5 \div 1\dfrac{3}{7} = \boxed{} \div \dfrac{\boxed{}}{\boxed{}} = \dfrac{\boxed{} \times \boxed{}}{\boxed{}} = \dfrac{\boxed{}}{\boxed{}} = \boxed{}\dfrac{\boxed{}}{\boxed{}}$

　　　　仮分数になおす　　　とちゅうで約分できる　　　＊答えは帯分数に
　　　　　　　　　　　　　　ときは約分する　　　　　　なおしてもよい

76 整数を分数でわる計算 ④

▶▶▶ 答えは別冊 14 ページ

点数

点

①～④：1問10点　⑤～⑨：1問12点

わり算をしましょう。

① $9 \div 1\dfrac{1}{5}$

② $5 \div 1\dfrac{7}{8}$

③ $6 \div 1\dfrac{2}{7}$

④ $8 \div 1\dfrac{3}{7}$

⑤ $3 \div 2\dfrac{1}{4}$

⑥ $7 \div 2\dfrac{2}{13}$

⑦ $12 \div 1\dfrac{3}{5}$

⑧ $15 \div 2\dfrac{1}{4}$

⑨ $21 \div 2\dfrac{4}{7}$

77 分数・整数を分数でわる計算のまとめ
ジグソーパズル

▶▶▶答えは別冊14ページ

次の計算をして，答えと同じところに色をぬりましょう。
どんなことばが出てくるかな。

$$\frac{5}{6} \div \frac{3}{8} \qquad \frac{6}{7} \div \frac{3}{4} \qquad \frac{3}{2} \div \frac{7}{8}$$

$$\frac{10}{9} \div \frac{5}{3} \qquad 4 \div \frac{8}{5} \qquad 1\frac{2}{7} \div 1\frac{3}{4}$$

$$2\frac{2}{3} \div 2\frac{2}{5} \qquad 4\frac{1}{2} \div 3\frac{3}{4} \qquad 15 \div 2\frac{7}{9}$$

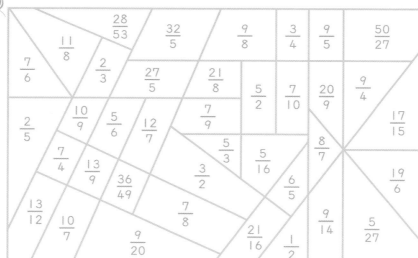

ヒントは
秋の味覚だよ！

 78 3つの数の計算 ①

 答えは別冊14ページ

1問20点

点

計算をしましょう。

① $\dfrac{1}{6} + \dfrac{1}{2} - \dfrac{1}{4} = \dfrac{\square}{\square} + \dfrac{\square}{\square} - \dfrac{\square}{\square} = \dfrac{\square}{\square}$

6，2，4 の最小公倍数を考えて通分する

② $\dfrac{5}{6} + \dfrac{1}{2} - \dfrac{3}{4} = \dfrac{\square}{\square} + \dfrac{\square}{\square} - \dfrac{\square}{\square} = \dfrac{\square}{\square}$

6，2，4 の最小公倍数を考えて通分する

③ $\dfrac{2}{3} + \dfrac{1}{6} + \dfrac{2}{9} = \dfrac{\square}{\square} + \dfrac{\square}{\square} + \dfrac{\square}{\square} = \dfrac{\square}{\square} = \square\dfrac{\square}{\square}$

3，6，9 の最小公倍数を考えて通分する

＊答えは帯分数に
なおしてもよい

④ $\dfrac{7}{10} - \dfrac{2}{5} + \dfrac{1}{6} = \dfrac{\square}{\square} - \dfrac{\square}{\square} + \dfrac{\square}{\square} = \dfrac{\square}{\square} = \dfrac{\square}{\square}$

10，5，6 の最小公倍数を考えて通分する　　　約分する

⑤ $3\dfrac{1}{5} - \dfrac{1}{2} - \dfrac{2}{3} = \square\dfrac{\square}{\square} - \dfrac{\square}{\square} - \dfrac{\square}{\square}$

5，2，3 の最小公倍数を考えて通分する

$= \square\dfrac{\square}{\square} - \dfrac{\square}{\square} - \dfrac{\square}{\square} = \square\dfrac{\square}{\square}$

整数部分から1くり下げる

 81

79　3つの数の計算 ①

練 習

▶▶▶ **答えは別冊 14 ページ**

点数

点

①〜④：1問 10 点　　⑤〜⑨：1問 12 点

計算をしましょう。

① $\dfrac{3}{4} + \dfrac{1}{2} - \dfrac{7}{8}$

② $\dfrac{4}{5} - \dfrac{3}{4} + \dfrac{1}{10}$

③ $\dfrac{1}{2} + \dfrac{1}{3} + \dfrac{3}{4}$

④ $\dfrac{7}{6} - \dfrac{3}{5} - \dfrac{2}{15}$

⑤ $\dfrac{5}{8} + \dfrac{1}{3} - \dfrac{7}{12}$

⑥ $1\dfrac{2}{9} - \dfrac{5}{6} + \dfrac{1}{2}$

⑦ $1\dfrac{1}{7} + \dfrac{1}{4} - 1\dfrac{3}{14}$

⑧ $1\dfrac{3}{5} - 1\dfrac{1}{2} + \dfrac{1}{4}$

⑨ $2\dfrac{5}{6} - 1\dfrac{4}{9} - \dfrac{7}{12}$

80 3つの数の計算①

▶▶▶ 答えは別冊 14 ページ

①〜④：1問 10 点　　⑤〜⑨：1問 12 点

点数　　　　　　　　点

計算をしましょう。

① $\dfrac{1}{3} + \dfrac{2}{5} - \dfrac{4}{15}$

② $\dfrac{7}{8} - \dfrac{2}{3} + \dfrac{1}{6}$

③ $\dfrac{5}{7} + \dfrac{10}{21} - \dfrac{13}{14}$

④ $1\dfrac{5}{6} - \dfrac{3}{10} - \dfrac{4}{15}$

⑤ $\dfrac{8}{9} + \dfrac{1}{4} - 1\dfrac{1}{18}$

⑥ $1\dfrac{1}{6} - \dfrac{4}{5} + \dfrac{1}{12}$

⑦ $\dfrac{3}{4} + \dfrac{5}{6} - 1\dfrac{1}{8}$

⑧ $1\dfrac{2}{7} + 1\dfrac{1}{2} + \dfrac{1}{14}$

⑨ $3\dfrac{1}{2} - 1\dfrac{1}{6} - 1\dfrac{2}{5}$

81 3つの数の計算②

理 解

▶▶▶ 答えは別冊 14 ページ　★点数★

①，②：1問 14点　③～⑥：1問 18点

点

計算をしましょう。

① $\dfrac{3}{2} \times \dfrac{3}{4} \div \dfrac{5}{6} = \dfrac{\boxed{} \times \boxed{} \times \boxed{}}{\boxed{} \times \boxed{} \times \boxed{}} = \dfrac{\boxed{}}{\boxed{}} = \boxed{}\dfrac{\boxed{}}{\boxed{}}$

約分する

分母と分子を入れかえた数をかける

＊答えは帯分数に
なおしてもよい

② $\dfrac{4}{5} \div \dfrac{2}{3} \times \dfrac{7}{9} = \dfrac{\boxed{} \times \boxed{} \times \boxed{}}{\boxed{} \times \boxed{} \times \boxed{}} = \dfrac{\boxed{}}{\boxed{}}$

約分する

分母と分子を入れかえた数をかける

③ $\dfrac{6}{7} \times \dfrac{3}{2} \div \dfrac{15}{14} = \dfrac{\boxed{} \times \boxed{} \times \boxed{}}{\boxed{} \times \boxed{} \times \boxed{}} = \dfrac{\boxed{}}{\boxed{}} = \boxed{}\dfrac{\boxed{}}{\boxed{}}$

約分する

分母と分子を入れかえた数をかける

＊答えは帯分数に
なおしてもよい

④ $\dfrac{5}{8} \div \dfrac{10}{9} \div \dfrac{27}{32} = \dfrac{\boxed{} \times \boxed{} \times \boxed{}}{\boxed{} \times \boxed{} \times \boxed{}} = \dfrac{\boxed{}}{\boxed{}}$

約分する

分母と分子を入れかえた数をかける

⑤ $1\dfrac{1}{4} \times \dfrac{2}{15} \div \dfrac{5}{12} = \dfrac{\boxed{} \times \boxed{} \times \boxed{}}{\boxed{} \times \boxed{} \times \boxed{}} = \dfrac{\boxed{}}{\boxed{}}$

約分する

帯分数を仮分
数になおす

分母と分子を入れ
かえた数をかける

⑥ $2\dfrac{1}{4} \div 6 \div \dfrac{3}{2} = \dfrac{\boxed{} \times \boxed{} \times \boxed{}}{\boxed{} \times \boxed{} \times \boxed{}} = \dfrac{\boxed{}}{\boxed{}}$

約分する

帯分数を仮分
数になおす

分母と分子を入れかえた数をかける

82 3つの数の計算 ②

▶▶▶ 答えは別冊 15 ページ

①～④：1問10点　　⑤～⑨：1問12点

点

計算をしましょう。

① $\dfrac{5}{6} \times \dfrac{7}{10} \div \dfrac{7}{8}$

② $\dfrac{4}{3} \div \dfrac{5}{9} \times \dfrac{15}{16}$

③ $\dfrac{3}{8} \times \dfrac{7}{6} \div \dfrac{3}{4}$

④ $\dfrac{10}{9} \div \dfrac{25}{27} \div \dfrac{14}{15}$

⑤ $1\dfrac{1}{2} \times \dfrac{7}{12} \div \dfrac{21}{32}$

⑥ $2\dfrac{3}{5} \div \dfrac{39}{40} \times \dfrac{9}{16}$

⑦ $1\dfrac{3}{4} \div 2\dfrac{5}{8} \div 1\dfrac{1}{6}$

⑧ $3\dfrac{1}{3} \times \dfrac{18}{25} \div 1\dfrac{1}{15}$

⑨ $2\dfrac{2}{9} \div 5 \times 1\dfrac{5}{16}$

83 ３つの数の計算 ③

 理 解

▶▶▶ 答えは別冊 15 ページ ★ 点数 ★

1 問 20 点

点

計算をしましょう。

① $\dfrac{1}{7} \times \left(\dfrac{1}{2} + \dfrac{1}{3} \right) = \dfrac{1}{7} \times \left(\dfrac{\square}{\square} + \dfrac{\square}{\square} \right) = \dfrac{\square}{\square} \times \dfrac{\square}{\square} = \dfrac{\square}{\square}$

先に通分して計算する　　　　　　約分する

② $\dfrac{3}{4} \times \left(\dfrac{1}{2} + \dfrac{1}{3} \right) = \dfrac{3}{4} \times \left(\dfrac{\square}{\square} + \dfrac{\square}{\square} \right) = \dfrac{\square}{\square} \times \dfrac{\square}{\square} = \dfrac{\square}{\square}$

先に通分して計算する　　　　　　約分する

③ $\left(\dfrac{3}{2} - \dfrac{7}{9} \right) \times \dfrac{6}{5} = \left(\dfrac{\square}{\square} - \dfrac{\square}{\square} \right) \times \dfrac{6}{5} = \dfrac{\square}{\square} \times \dfrac{\square}{\square} = \dfrac{\square}{\square}$

先に通分して計算する　　　　　　約分する

④ $\left(\dfrac{3}{5} + \dfrac{1}{3} \right) \div \dfrac{7}{9} = \left(\dfrac{\square}{\square} + \dfrac{\square}{\square} \right) \div \dfrac{7}{9} = \dfrac{\square}{\square} \times \dfrac{\square}{\square} = \dfrac{\square}{\square}$

先に通分して計算する　　　　　　　　　　　　　　　＊答えは帯分数に
　　　　　　　　　　分母と分子を入れかえた数をかける　　なおしてもよい

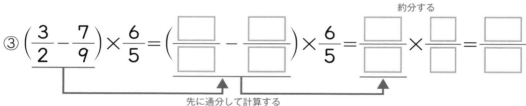

⑤ $1\dfrac{1}{9} \div \left(\dfrac{3}{4} - \dfrac{1}{3} \right) = \dfrac{\square}{9} \div \left(\dfrac{\square}{\square} - \dfrac{\square}{\square} \right) = \dfrac{\square}{\square} \div \dfrac{\square}{\square}$

仮分数になおす　　　　　　　　　先に通分して計算する

$= \dfrac{\square}{\square} \times \dfrac{\square}{\square} = \dfrac{\square}{\square}$

約分する

分母と分子を入れ　　＊答えは帯分数に
かえた数をかける　　なおしてもよい

84 3つの数の計算 ③

練 習

▶▶▶ 答えは別冊 15 ページ

点数

点

①〜④：1問 10 点　⑤〜⑨：1問 12 点

計算をしましょう。

① $\left(\dfrac{1}{4}+\dfrac{1}{2}\right)\times\dfrac{8}{15}$

② $\dfrac{6}{7}\times\left(\dfrac{3}{4}-\dfrac{1}{6}\right)$

③ $\left(\dfrac{3}{5}+\dfrac{1}{3}\right)\div\dfrac{21}{25}$

④ $\dfrac{11}{16}\div\left(\dfrac{7}{8}-\dfrac{5}{12}\right)$

⑤ $\left(\dfrac{3}{5}-\dfrac{1}{3}\right)\times\dfrac{25}{24}$

⑥ $\dfrac{15}{14}\times\left(\dfrac{3}{4}+\dfrac{3}{10}\right)$

⑦ $\left(\dfrac{5}{6}-\dfrac{3}{8}\right)\div 1\dfrac{7}{15}$

⑧ $1\dfrac{4}{5}\times\left(\dfrac{1}{2}+\dfrac{4}{9}\right)$

⑨ $\left(\dfrac{7}{10}-\dfrac{1}{4}\right)\div 1\dfrac{11}{16}$

85 3つの数の計算 ③

練 習

▶▶▶ 答えは別冊 15 ページ

点数

点

①〜④：1問 10 点　⑤〜⑨：1問 12 点

計算をしましょう。

① $\dfrac{4}{9} \times \left(\dfrac{5}{7} + \dfrac{1}{4} \right)$

② $\left(\dfrac{5}{6} - \dfrac{8}{15} \right) \times \dfrac{2}{3}$

③ $\dfrac{6}{15} \div \left(\dfrac{1}{2} + \dfrac{2}{5} \right)$

④ $\left(\dfrac{5}{4} - \dfrac{9}{10} \right) \div \dfrac{28}{45}$

⑤ $\dfrac{49}{36} \times \left(\dfrac{2}{5} + \dfrac{2}{7} \right)$

⑥ $\left(\dfrac{5}{6} - \dfrac{4}{9} \right) \div \dfrac{35}{54}$

⑦ $1\dfrac{4}{21} \times \left(\dfrac{8}{15} + \dfrac{1}{6} \right)$

⑧ $\left(\dfrac{11}{12} - \dfrac{3}{5} \right) \div 1\dfrac{9}{10}$

⑨ $3\dfrac{3}{8} \div \left(\dfrac{7}{10} - \dfrac{1}{4} \right)$

勉強した日　　月　　日

86 3つの数の計算 ④

理解

▶▶▶ 答えは別冊 15 ページ

点数

1 問 20 点

点

計算をしましょう。

① $\dfrac{1}{2} + \dfrac{6}{5} \times \dfrac{2}{3}$ 先に計算する $= \dfrac{1}{2} + \dfrac{\Box \times \Box}{\Box \times \Box}$ 約分する $= \dfrac{1}{2} + \dfrac{\Box}{\Box}$ 通分して計算する $= \dfrac{\Box}{\Box} = \Box\dfrac{\Box}{\Box}$

*答えは帯分数に
なおしてもよい

② $\dfrac{7}{6} - \dfrac{6}{5} \times \dfrac{2}{3}$ 先に計算する $= \dfrac{7}{6} - \dfrac{\Box \times \Box}{\Box \times \Box}$ 約分する $= \dfrac{7}{6} - \dfrac{\Box}{\Box}$ 通分して計算する $= \dfrac{\Box}{\Box}$

③ $\dfrac{2}{3} - \dfrac{5}{6} \div \dfrac{20}{9}$ 先に計算する $= \dfrac{2}{3} - \dfrac{\Box \times \Box}{\Box \times \Box}$ 約分する $= \dfrac{2}{3} - \dfrac{\Box}{\Box}$ 通分して計算する $= \dfrac{\Box}{\Box}$

④ $\dfrac{7}{9} \div \dfrac{8}{3} + \dfrac{5}{12}$ 先に計算する $= \dfrac{\Box \times \Box}{\Box \times \Box}$ 約分する $+ \dfrac{5}{12} = \dfrac{\Box}{\Box} + \dfrac{5}{12}$ 通分して計算する $= \dfrac{\Box}{\Box}$

⑤ $\dfrac{3}{4} \times \dfrac{14}{27} + 1\dfrac{1}{9}$ 先に計算する $= \dfrac{\Box \times \Box}{\Box \times \Box}$ 約分する $+ 1\dfrac{1}{9} = \dfrac{\Box}{\Box} + 1\dfrac{1}{9}$ 通分して計算する

$= \Box\dfrac{\Box}{\Box} = \Box\dfrac{\Box}{\Box}$

約分する

87 3つの数の計算 ④

▶▶▶ 答えは別冊15ページ　

①～④：1問10点　⑤～⑨：1問12点

		点

計算をしましょう。

① $\dfrac{2}{5} + \dfrac{9}{10} \times \dfrac{5}{6}$

② $\dfrac{3}{4} - \dfrac{7}{8} \div \dfrac{21}{16}$

③ $\dfrac{8}{15} \times \dfrac{25}{24} - \dfrac{1}{3}$

④ $\dfrac{7}{12} \div \dfrac{8}{9} + \dfrac{5}{8}$

⑤ $\dfrac{7}{6} - \dfrac{5}{12} \times \dfrac{8}{15}$

⑥ $\dfrac{13}{9} - \dfrac{2}{3} \div \dfrac{12}{5}$

⑦ $\dfrac{3}{8} \times \dfrac{6}{15} + \dfrac{1}{4}$

⑧ $2\dfrac{1}{2} - \dfrac{7}{9} \div \dfrac{28}{45}$

⑨ $1\dfrac{3}{10} + \dfrac{5}{4} \div \dfrac{15}{14}$

88 3つの数の計算 ④

▶▶▶ 答えは別冊 16 ページ

点数

点

①〜④：1問 10 点　　⑤〜⑨：1問 12 点

計算をしましょう。

① $\dfrac{5}{4} \div \dfrac{25}{24} - \dfrac{2}{3}$

② $\dfrac{1}{6} + \dfrac{13}{9} \times \dfrac{21}{26}$

③ $\dfrac{8}{7} + \dfrac{27}{20} \div \dfrac{9}{4}$

④ $\dfrac{35}{39} \times \dfrac{26}{49} - \dfrac{3}{14}$

⑤ $1\dfrac{1}{3} \times \dfrac{9}{8} + \dfrac{1}{6}$

⑥ $1\dfrac{2}{5} - \dfrac{2}{3} \div \dfrac{16}{9}$

⑦ $2\dfrac{1}{4} \times 1\dfrac{1}{15} + \dfrac{3}{20}$

⑧ $\dfrac{13}{7} \div 1\dfrac{5}{21} - 1\dfrac{1}{8}$

⑨ $3\dfrac{1}{3} \times \dfrac{9}{16} - 1\dfrac{1}{6}$

89　分数と小数の混じった計算 ①

理解

▶▶▶ 答えは別冊16ページ　★点数★

①，②：1問14点　③〜⑥：1問18点

点

計算をしましょう。

① $\dfrac{1}{3} + 0.9 = \dfrac{\square}{\square} + \dfrac{\square}{\square} = \dfrac{\square}{\square} + \dfrac{\square}{\square} = \dfrac{\square}{\square} = \square\dfrac{\square}{\square}$

分数になおす　　　　　通分して計算する　　　＊答えは帯分数になおしてもよい

② $\dfrac{3}{2} - 0.9 = \dfrac{\square}{\square} - \dfrac{\square}{\square} = \dfrac{\square}{\square} - \dfrac{\square}{\square} = \dfrac{\square}{\square} = \dfrac{\square}{\square}$

分数になおす　　　　　通分して計算する　　　　　約分する

③ $0.3 + \dfrac{5}{8} = \dfrac{\square}{\square} + \dfrac{\square}{\square} = \dfrac{\square}{\square} + \dfrac{\square}{\square} = \dfrac{\square}{\square}$

分数になおす　　　　通分して計算する

④ $0.7 - \dfrac{1}{4} = \dfrac{\square}{\square} - \dfrac{\square}{\square} = \dfrac{\square}{\square} - \dfrac{\square}{\square} = \dfrac{\square}{\square}$

分数になおす　　　　通分して計算する

⑤ $\dfrac{1}{6} + 0.3 = \dfrac{\square}{\square} + \dfrac{\square}{\square} = \dfrac{\square}{\square} + \dfrac{\square}{\square} = \dfrac{\square}{\square} = \dfrac{\square}{\square}$

分数になおす　　　　通分して計算する　　　　　約分する

⑥ $0.7 - \dfrac{3}{7} = \dfrac{\square}{\square} - \dfrac{\square}{\square} = \dfrac{\square}{\square} - \dfrac{\square}{\square} = \dfrac{\square}{\square}$

分数になおす　　　　通分して計算する

 分数と小数の混じった計算 ①　

▶▶▶ 答えは別冊 16 ページ

点

①〜④：1問 10 点　　⑤〜⑨：1問 12 点

計算をしましょう。

① $\dfrac{1}{5} + 0.3$

② $\dfrac{4}{3} - 0.7$

③ $0.9 + \dfrac{3}{20}$

④ $1.2 - \dfrac{7}{12}$

⑤ $\dfrac{2}{3} + 0.1$

⑥ $0.6 - \dfrac{8}{15}$

⑦ $\dfrac{4}{5} + 0.4$

⑧ $\dfrac{10}{9} - 0.8$

⑨ $1.4 - \dfrac{11}{25}$

91 分数と小数の混じった計算 ②

 理 解

▶▶▶ 答えは別冊 16 ページ ★ 点数 ★

点

①，②：1問 14 点　③〜⑥：1問 18 点

計算をしましょう。

①$\dfrac{4}{5} \times 0.3 = \dfrac{\Box}{\Box} \times \dfrac{\Box}{\Box} = \dfrac{\Box}{\Box}$

約分する

分数になおす

②$\dfrac{6}{7} \div 0.3 = \dfrac{\Box}{\Box} \div \dfrac{\Box}{\Box} = \dfrac{\Box}{\Box} \times \dfrac{\Box}{\Box} = \dfrac{\Box}{\Box} = \Box\dfrac{\Box}{\Box}$

分数になおす　　分母と分子を入れかえた数をかける　　*答えは帯分数になおしてもよい

③$0.7 \times \dfrac{4}{5} = \dfrac{\Box}{\Box} \times \dfrac{\Box}{\Box} = \dfrac{\Box}{\Box}$

分数になおす　　約分する

④$0.9 \div \dfrac{9}{8} = \dfrac{\Box}{\Box} \div \dfrac{\Box}{\Box} = \dfrac{\Box}{\Box} \times \dfrac{\Box}{\Box} = \dfrac{\Box}{\Box}$

分数になおす　　分母と分子を入れかえた数をかける　　約分する

⑤$\dfrac{3}{2} \times 0.7 = \dfrac{\Box}{\Box} \times \dfrac{\Box}{\Box} = \dfrac{\Box}{\Box} = \Box\dfrac{\Box}{\Box}$

分数になおす　　*答えは帯分数になおしてもよい

⑥$\dfrac{9}{4} \div 0.9 = \dfrac{\Box}{\Box} \div \dfrac{\Box}{\Box} = \dfrac{\Box}{\Box} \times \dfrac{\Box}{\Box} = \dfrac{\Box}{\Box} = \Box\dfrac{\Box}{\Box}$

分数になおす　　分母と分子を入れかえた数をかける　　約分する　　*答えは帯分数になおしてもよい

92　分数と小数の混じった計算 ②　練 習

▶▶▶ 答えは別冊 16 ページ

点数

点

①～④：1問 10 点　　⑤～⑨：1問 12 点

計算をしましょう。

① $\dfrac{5}{6} \times 0.9$

② $\dfrac{3}{8} \div 0.3$

③ $0.7 \times \dfrac{5}{14}$

④ $0.3 \div \dfrac{12}{25}$

⑤ $\dfrac{7}{6} \times 1.8$

⑥ $\dfrac{5}{12} \div 0.4$

⑦ $1.3 \times \dfrac{15}{26}$

⑧ $2.7 \div \dfrac{18}{5}$

⑨ $\dfrac{25}{18} \times 0.9$

93 いろいろな計算のまとめ
暗号ゲーム

▶▶▶ 答えは別冊16ページ

下の計算の答えの文字を書いて，
手紙を完成させましょう。

① $\dfrac{2}{5} + 0.3$

② $\dfrac{5}{6} - 0.7$

③ $\dfrac{5}{9} \times 0.2$

④ $0.9 \div \dfrac{3}{2}$

⑤ $\dfrac{3}{8} \div 1.5$

⑥ $2.1 \times \dfrac{4}{3}$

⑦ $\dfrac{7}{8} + \dfrac{1}{2} - \dfrac{5}{6}$

⑧ $\dfrac{4}{9} - \dfrac{1}{6} \div \dfrac{3}{5}$

よ	り	た	お	ご	っ	く	ん
$\dfrac{1}{6}$	$\dfrac{7}{10}$	$\dfrac{13}{24}$	$\dfrac{3}{5}$	$\dfrac{1}{9}$	$\dfrac{14}{5}$	$\dfrac{1}{4}$	$\dfrac{2}{15}$

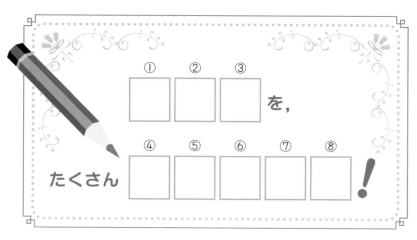

①　②　③
□　□　□　を，

④　⑤　⑥　⑦　⑧
たくさん　□　□　□　□　□　！